TOUCH BEAUTY

玩用赏器

APPRECIATE

LIFE

AESTHETICS

袁乐辉 著

U0207435

江苏凤凰美术出版社

美的物件形式还是美的
工艺方式，都需要有个"度"
的权衡与鉴赏。

目　录

导　论

　　倘若幸福需要我们的智慧、兴趣、活力的话，那么美同样需要我们的智慧、兴趣、活力，才会渐老渐熟给予自己去体悟生活茶事美趣的种种玩味性与触摸性，从而才有可能洞察茶桌上的各类器件物色之美的意义与生命。恰恰生活日常茶事的仪式内容与物件形式塑造着美的"茶颜器式"赏玩意义，则越来越走上美的生活叙事与空间效用关系。与此同时，喝茶人对玩用赏观的茶器花样便也逐渐始向一种由"有我之性"至"有我之心"的物趣美心意境，并且来成熟着自我之美的鉴赏力。换个角度来看，日本民艺家柳宗悦先生常以"美藏于人心"的生活道理来审视生活器物工艺精神的正确赏识与评价，或许反映出高贵的美就是"心诚则灵"的生活俗常，因为善就是美的积淀与修炼。

　　某种意义上来看，"物如其人"的生活格调，不只反映出喝茶人的物境趣式，也表明出美深藏于人心的生活奥理，自然又会反哺于喝茶人日常"茶颜器式"之美的生活物件形式与花色样式。显然，因人而异，茶器物件自然就有着五花八门的样式与风格、文心与时代、潮流与雅俗，某种意义上来说就是人类视知觉经验感受的丰富带来了我们生活物欲美心的丰满。那么，对生活圆满与幸福的追求，我们自然会深掘了器物花样工艺的各种技艺表现与技法堆积繁杂，便会走上生活美之时代的复杂、模糊、媚俗，即为美至大雅大俗的器物样貌。

　　随之饮茶文化愈加文人卷气的同时，生活工夫茶事便也愈加浓厚，自然便会淘养着喝茶人的文心趣境高级化、诗性化，又会反哺于茶器样式的简逸、纯粹、静寂始向。显然，工夫茶事渐熟了美的高级细腻化的同时，也渐行了美的超凡脱俗化，我们也会愈加趋向如此自然简单又超然幽静的茶器，并也渐进着我们茶室空间的唯美诗意化，某种程度上便会渐向器物之美的某种空寂、孤独韵意。若从文人卷气的文心境界来看，孤独美是他们最高级的生活归宿，自然而然又会回应于茶器的物式花色：质朴、素净、简逸。因为孤独美的某种境象就是写意着生活"格物明理"的文人化趣境与自然化道法，或许这就是美带给我们生命意义的终极慰藉。

生活给了我们如何精善茶与器之"用与美"的方式的同时，也教化了我们如何懂得茶与器的相生关系，才给予了我们如何品赏美物的意义与意趣。正是这种日常平实、微妙又深邃的奥理启迪了我试想从日常生活茶器的花色样式与时代潮流角度来看待陶瓷器物件之美的种种形式与内容，因为这里面呈现出喝茶人自我的一种微式宇宙空间意义的生活玩味样态与文心叙事记忆。一般意义上，茶器（杯、盏、碗、壶等），看似为美的一种司空见惯的茶器样貌，实则是美的一种"以小喻大"的生生之道，因其玩味的生活用意给予了我们玲珑物性的丰富意义的同时，又给予了我们格物触心的生活日常趣境，自然便就流露出喝茶人有滋有味的某种美的明悟与念生。若本书《玩味的触摸：茶器》的初始命名，自然是我选题研究的目的与意义。后来写完两个章节时，个人在元月三号晚上久久无法入睡，伴有胡思乱想的静虑习惯涌动，便有了现在书名《触美》，更为靠近个人的集思广益，呈现出自己的一种美的鉴赏与评判："物泉源我之感触的美，我体味物之感触的美。"因为平日的生活，喝茶便是我个人寻常之事，便会有日日触摸着茶器的种种赏物悟美之念生。直至2022年4月，个人再三推敲又改名为《触美：玩用赏器》，也更为贴近写作本书的生活初衷与认知启悟。

美虽有千百种说法，但它又有千变万化的生活表现力与时空生命力。饮茶是国民生活最具有美的简单、纯粹、诚善、高尚力量与生命，也是全民生活最具有美的赏玩物心和启悟格物的自我写照，并又会自觉自性地反哺于茶桌上的茶器物件样式，流传着窑口器制工艺的文心艺脉与时代经典。毋庸置疑，茶器流传着博厚、悠久、高明的传统工艺思想，还流传着文心、赏玩、善用的传统美学观念，更是流传着生活美学"过去—现在—未来"的某种固定形式与内容，但其所涉及纵横交错的各个学科领域。故本书主要围绕"茶与器"所构成的一连体生活用意的美，针对现在喝茶人玩用的茶器样式与工艺特征，分为六个章节主题与内容来阐述明义美的显现方式，分别是美：寻常亲善；美：手工念生；美：触物境生；美：雅俗相乐；美：黑白余生；美：境趣后生。第一章节围绕茶器为生活寻常之用意，着重从其用意贴心、日久生情、大美感生三方面，来阐述茶器美之用的生活意义与亲善力量，并表明出茶器尽用又尽美的某种花色样式的工艺形式与秩序方式。第二章节围绕手工劳作方式的茶器美意，侧重从其手作之迹、泥火之息、自然之味三方面，来阐述其手工之美的时代意义、技艺记忆、赏心自然等生活意趣，并也阐明其手工之味的种种工艺特点与审美表象。第三章节围绕茶器构成生活空间叙事的场感效用，着重从玩至情生、赏至景生、触至我心三方面，来阐明其美的寄物移情、情景相生之生活途径，并且阐述茶器与物景空间所构成生活用意之美的赏观叙事。第四章节围绕茶事生活的"雅俗乐生"特征，侧重从俗味之乐、雅意之性、我化之念三方面，来阐述其美的生活乐生感与有我生命力，还阐明出茶器之美的某种世俗意义与功利色彩，并带有工艺文化的身份化、标签化之美的生活深意。第五章节围绕黑、白釉色茶器的美学深意，着重从色的极致、纯的高级、静的安心、合的和气四方面，来阐述其美的单纯、素朴、静寂的无穷尽高级与高贵，并带有调和花里胡哨的物件样式的天然特性。第六章节围绕喝茶人择器的种种玩赏趣境与时间叙事，侧重从时间的见证、生活的怀念、叙事的痕迹、超然的孤独四方面，来阐述茶器之美的生活俗常形式与内容，又阐明茶器玩味之美意的由"有我之心"至"无我之境"的生活趣味与孤独归宿之道。

　　总而言之，懂得精善生活的人，自然会明白美的意义。或茶之美的茶汁滋味与茶器玩用的和谐契合关系，不只给予了我们对生活"依茶择器"的某种秩序意义与物感效用，也给予了我们对生活"玩用赏心"的高级审美精神化与体验赏观性，自然而然就会滋生出喝茶人对美的鉴赏力与吸引力。反过来说，这种生活玩用的物境美心，又会带来了我们生活触物生情的享有欲与贪念心，便会易踏上其美的"奇技淫巧"工艺之路，走上生活茶器"珍品"

怪圈的文心艺脉，则纤弱了其美的生活用意之本味、本色、本真。事实上，我们生活在潮流设计的消费物品世界，越是人造形式美的花色样式，则越有太多美的迷惑性与吸引力，或许需要愈加小心。因此，美的茶器，无论是从其美的物件形式还是美的工艺方式，都需要有个"度"的权衡与鉴赏。坦然，美的感知本身就是人人"游心明悟"之理。故本书涉及内容与观点是出于本人的生活洞察与悟理，如有不足，望批评指正。

第一章

寻常亲善

对于喝茶人来说，他们常会沉浸在生活"让你在那一瞬间意识到，自己手中握着的是一种器具，令你对自己彼时的生活方式进行反思"的某种启悟之中，同时也积累起他们对茶器物件样式的一种真实、有效的鉴赏经验。

对于喝茶人来说，他们常会沉浸在生活"让你在那一瞬间意识到，自己手中握着的是一种器具，令你对自己彼时的生活方式进行反思"[1]的某种启悟之中，同时也积累起他们对茶器物件样式的一种真实、有效的鉴赏经验。可见，茶器寻常化的生活功用越单纯、质朴，其呈现出的美意就会越精练、简逸，因为这会让大多数喝茶人渐进"尽可能简化你眼前的事物，只留住精髓"[2]的滋味享乐与玩用赏美之中，也才会通过身临其境于寻常又平凡的一种物式意义来展现着对茶之美的喜爱与渴求。同时，这种喜爱与渴求的格物趣境，又会渐熟他们懂得赏识茶器之美的用途意义与洗练程度。

茶，某种程度上滋养着现代人"快生慢活"的生活方式，还启发着我们追求精善生活器用之物、持有美之物的意义。其实，正是茶饮的世界伟大了器之用与美，富有生活茶器的种种样式，也叙事着茶人的文心境趣，自然而然地流露出中国造物的工艺思想与文化美学。很显然，各种花色样式的茶器，其美的精神就是由于流传着"用"的寻常诠释与"赏"的触摸玩味，才会从其生活功用意义的"由内而外"形式与内容中散发出意味的美与有味的趣，从而又反哺于喝茶人"爱其所见、爱其所爱"的生活茶境。（见图1-1）

事实上，当茶泉源了日常生活之美的玩味事趣，随之也泉源了器物之用与美的若干方式。那么，日常之用的茶器便也成为茶人寻常玩味的东西，恰恰正是这类东西赋予我们生活之美的"致用利人"观念，却又实实在在地陪伴着自己、贴近自己。当然，这些最靠近我们生活使用与体验感受的物，自

图 1-1 生活日常"一壶三杯" 徐向东供图

然也被认为是最踏实的物，并潜移默化地赋予人们生活最健实、虔诚的美与乐。或许某种意义上，茶给予了器件物式以一种生活仪式意义与功用美感的同时，也给予了器物工艺的一种生活用途本真与善意本心。显然，只有这样的造物方式，无论是茶的汁色醇香还是器的形饰质色，才会在茶人眼里视为美的健实、平和世界，并自然地走入他们日常生活茶事的平凡活动中。毋庸置疑，全民生活化的茶事，其本身的意义就是传递着国民寻常化的"物趣美心"境界与"尽用尽美"器道，也淋漓着我们喝茶人以"品茶赏用"的平常心与平和美的亲善力量，走向生生之美。（见图1-1）

触美

一

玩用赏器

一
用意贴心

　　茶器作为生活设计中物件花样的一部分。一般意义上，在展现"设计是人类技能最为纯粹的演练"[3] 的同时，还体现出生活中关于"器以利用"的日常用意与工艺本色，并发挥出它们自身的某种玩用、赏观意义。由此，这些茶器花样才会流传出生活寻常方式的某种"激发或者抑制着特定文化所拥有的能量"[4]，并赋予了美以生活幸福感与圆满乐生感。恰恰"由'用'出发的美可以联想到其他的意义，只有典型的美才是纯粹的美，这样的器物之美开始被认为是高贵的"[5]，这是因为生活典型性的器物样式，都有鲜明的功用特征，并流传着实用定型化的造型结构特征与内在秩序律则，又保障着民众信赖的可靠工艺样式，自然会给予我们喝茶人洋溢的爱与亲近的心。

　　无论何时，茶都会给予我们生活美的体验与憧憬，也在教会了喝茶人不断重复地专注于"品饮玩用"的生活热情与审美趣境的同时，又成熟了他们鉴赏茶器物件之美的用途意义与工艺精神。事实上，茶的汁色滋味不只会让我们渐行着一种生活的喜好习性，还会让人们渐进着一种赏玩的寄物移情，某种程度上反映在"常人尤爱以'人性'附与万物"[6] 的生活物境美趣。换个角度来看，有"用"意的茶器，本身就带有"趣"味的某种固定形式与内容，无论在其器物的造型结构、形状大小、纹饰花色，还是在其窑口的工艺特点、技艺手法、材料特性等方面，都呈现出以生活实用为主旨的器物样式与工艺属性，才会创造出丰富、有味、亲近的生活器物之美的花色样式。最终，由于茶器之用的充分保障与完全可靠，才产生出茶人"身体的'用'和心灵的'用'

和谐共存"[7]的愉悦圆满美。（见图1-2）

事实上，好用的茶器会给予喝茶人以美的鉴赏趋向"让我们诚实面对世界，并与之产生有效的连接"[8]的物我境界。因为生活寻常之"用"的茶器不只是我们鉴定其"美"的用途意义与工艺本质，还是人们亲善其"美"的可靠途径与可识理由，更是喝茶人理解其"美"的一定标准参数与权衡方法。由此，我们便会从茶器"物尽其用"的工艺思想与"器制利人"的造物观念来评判美的生活物件花样，并反哺于自己生活茶事的一种美学精神与喜好风格。一般意义上，有生活用意的茶器"可以说'美'存在于'用'中，也可以说'用'这个机能与'美'是一体的"[9]契合相生。

首先，用之寻常。茶器之用的特点，就是肩负着器用于生活的一种坚定的力量，更是流传着器美于生活的一种生命的力量。显而易见，"用"构成器物世界里的工艺力量与美学秩序，从而使茶器的花色样式能井然有序、创制利人，又能久用于寻常生活茶事的某种功能仪式，昭示其物件独到之处的一层深意的情与美。倘若它们的花色样式，"脱离或背叛'用'，便失去了存在的价值"[10]，便会走上仅供欣赏的带有个人美术性质的工艺品。譬如说宜兴产制的紫砂壶，常分为实用与玩赏两大类风格特点，前者仍继承传统的古典造型，无论是造型轮廓、大小比例，还是表面结构上，都体现出简洁、干净、利索的形态美和纯粹、平实、洗练的工艺美，而后者无论在造型上的结构秩序、装饰特点还是在工艺上的表现技法、制作流程，都明显地展现出

图 1-2 釉里红茶杯 白明先生制

由"实用"的简单、大方向"欣赏"的复杂、雕琢之美的趋向，常为奇形怪状的样式较多。换而言之，前者有着可靠的实用功能，又有可识的古典样式，还流传着可赞的精湛技艺，自然会成为美的寻常、恒远。

美在生活世界中会呈现出多样的方式与丰富的意义。茶，叙事着中国人的生活品饮习性，也叙述了中国人的生活喜好方式，并随生活寻常化而渐行渐深。显然，喝茶品饮的生活形式与内容，自然地丰富了茶器呈现的功能属性和审美意义。可见，越是生活寻常化的东西，越是我们有味性的美物，其背后的道理就是充实于生活之用的利人价值，从而愈加深化其物美的方式。某种程度上来看，方便于我们日常使用的茶器，渐显出其"器制利人"的主从默契、和合关系的工艺力量与用意感悟，并随之主人的常用、触摸它的某种渐深程度会愈加流露出其物之"用"的可靠与心之"美"的亲善的和谐统一性。可见，生活常用的茶器物件，洋溢着一种美的实在、质朴、自然，也流露出美的生活工艺与善的可靠工艺，反之背离"用"的工艺方式就没有了我们可虔敬与亲善的高级美。只有这样，生活设计的种种工艺方式才能"制造最适合的器具，以便人们能够更好地享用茶"[11]。事实表明，茶器（杯、碗、盏、壶）常见为圆形器皿，无论在手捏拿、触握方面还是嘴唇的触碰、品饮方面都优越于方形器皿，不只符合了人体工程学，还便利于生活常用性。

其次，用之适合。实用美观的茶器，不只要最大化地体现其功能性的同时，还要体现出其功用的优良性，这样才会完美地展示其"用"的特点与性能。譬如汝青色的盖碗，因釉质肥厚自然会形成胎体的厚度与重量。则相对于青白釉的薄胎盖碗来说，其厚胎釉色看似有吸热慢的特点，却又有藏、散热的时间稍长的缺点。尤其是热水冲泡茶时，手抓、捏握碗口边时较易烫手，故其从功用性能角度出发更适宜以温水冲泡绿茶。而后者的薄轻特点，具有吸、散热稍快的特性，又因碗口边沿与手握捏拿的触点面积稍小，其烫手问题稍弱。某种意义上来说，茶器虽有不同窑口工艺的独特性，但随之茗茶滋味口感的冲饮差异性，需要我们注重茶器样式与茶饮工艺的适合性，来体现出其"用"之美的工艺优良性与最佳性。或许有这样工艺之美的用意与细节，日常茶事的滋味物式自然会"每日与其共同生活能感受到愉悦，激发人们的满足与喜爱之情"[12]。（见图 1–3 ）

有时，日常茶器之用的功能所外化出的表象特征，会带有一定工艺美术趣味的审美属性与花样特色。正如杭间先生在《手艺的思想》所言："在决定器物功能与人的生理的适应关系时，怎样寻找一个'度'，适合各方面的要求，即弄清便于使用和保留不便使用的范围的'值'，便显得异常的困难。"[13] 显然，寻常之用的工艺律则就是维系着茶器样式的使用合理性与审美合适性的最佳途经，更是流传着中国器物文化"期待正确秩序的社会，有必要使立于公有性和复数性的工艺世界以秩序为基础"[14]。换言之，有生活用意的茶器律则，会不断地成熟着我们遵从其寻常之用的"型"（规范）与"法"（规则）的同时，又在启迪着我们谋求其"型"与"法"的流变维度；赋予其花

图 1-3　一壶一杯的饮茶

色样式的时代性与生活性，又是在承传中国器物工艺的文心艺脉与生命活力。毋庸置疑，只有这样的工艺秩序，才会富有美的耐人千寻、探之不尽的魅力。譬如说茶杯的样式，虽作为最寻常之用的器皿，却也能具有各式各样的款式和工艺丰富的样式，在生活之用的"型"与"法"的基础上，不断地进行塑形、饰色、精细，也为喝茶人提供玩用赏观的一种兴奋感与亲近感，同时，还也渐进了美的"物我相生"意识与圆满。（见图1-4）

再者，用之舒心。如果说好用的茶器样式是肩负着生活美的淋漓尽致的话，那么它们就是帮助我们理解和接触真正喝茶的现实意义的物质载体，还是代表着茶主人生活惜物的某种诚实、正直、忠诚之可靠的象征，并隐现出其作为虔诚之物的美心善意。从另一层面来看，因为它的实用完美性不断地拓宽了茶主人的亲善与思索，让它充满了沏茶品饮的某种可靠功用性能，从而达成生活"物与我"的和谐舒心性与愉悦性，更会渐进茶之美的一种纯粹、简单和宁静、平和的体验玩味感。譬如说浅色的白釉、青釉茶杯，不只容易显现出"茶颜悦色"的茶汤，还易激起喝茶人"物趣我生"的味境和"浮光片影"的美境，舒心宜用又悦目怡情。与此同时，这种釉色工艺早已成为窑口成熟性的烧制地域特点，自然会带有"为了公众而准备的工艺"[15]的特制性质，更多带有"大量制作才能愈发使器物成为美的事物"[16]的工艺力量。

当然，作为我们最熟悉、最经常接触到的器物花样，装饰通常能被人们无意识地接受，至少其中的图饰纹样、窑口工艺、雕刻画法等生活用意与审

图 1-4 刻花盖碗　黄致鸣制

美价值一向如此。某种程度上，这些装饰要素总能让人们沉浸其中，或多或少会忘记它功用意义的某些不足，恰恰就是茶器的装饰细节会带来我们俗常之美的兴奋感和舒心感，渐浓了赏观玩味的一种物境美心。事实上，装饰趣味不只会给予茶器样式的某种工艺化事物之美的视觉要素与亲善力量，还会给予茶器样式之美的时代潮流趋向与文心艺脉流传。那么，茶器之美的装饰用意"将用途、材料、工艺、形式及其构造安置在稳定的地方"[17]，也是最大化了"尽用"又"极美"的花样形式，自然会显露出生活用意之美的舒心与贴心。或许，我们明白为何装饰工艺表现的茶器"格外受宠"，某种程度上反映出"他们虚心地期待着接受着这'感动'，以安慰自己的生命，充实自己的生命"[18]的美物相乐。

二

日久生情

　　茶给予了我们喝茶人的生活之美，由茶汁的"味"渐细与茶器的"用"渐性的寻常方式来体验、启悟自我的玩味赏观趣境，又会在"一种对待物品的不同态度，而不是与士绅精英的其他文化价值及审美关怀相统一的整体性态度"[19] 来表现出"因人而异"的自我生活寻常化的某种内在模式，并依附于个人趣味的生活用意方式来渐熟美的某种触物生情的有我物件样式。一般来说，受爱戴的茶器，自然会显露出几份茶主人喜好的花色与兴趣的玩味；与此同时，它还会反哺于茶主人一种亲善的生活用意，并体现出其寻常于生活"使力量能够有条不紊地发挥效用"[20] 的用美与情意。可见，有趣味的茶器物件样式，倘若仅有不适用于我们日常的品饮玩赏之美的外观的话，那么它仅会给予我们视知觉审美的一种奇幻刺激感受，会让喝茶人以艺术品的概念来鉴赏其美的意义；若并非是件寻常品饮可靠、耐用的茶器，自然会远离茶器之用与美的触摸玩味性。

　　事实上，茶教会了我们懂得如何找到自我生活意义的一种"心灵的习惯"内在模式的自适应值，这是由于"这种迷人的植物度日，与茶为伴欢娱黄昏，与茶为伴抚慰良宵，与茶为伴迎接晨曦"[21] 的生活境界会渐老渐熟着我们的自我喜好追求与精神体悟。坦然，论之茶事生活在日常化、美学化、仪式化的同时，便已走上了高级美的物质化与精神化一体的自我体悟方式。由此，茶的滋味醇香不只会让人产生念念不忘的嗜好与向往，也会让人有含情脉脉的念生与启悟，自然而然就会反哺于喝茶人的生活"善美物心"情趣与"寄物移情"境界，并随着自我"到处寻求享受这种趣味"[22]渐久见性又渐美生情。显然，我们享有茶汁滋味的情趣自然离不开好用的茶器物件，完美地玩味茶汤水色的丰富与美满，某种程度上会圆满地显现出美之"茶颜器式"的视觉感与触摸感。

"物可以变成人，人也可变成物"[23]的物我两忘境界，某种意义上就是茶之美日久生情的一种生活意境。事实上，茶让我们对生活美的一种自我生命意义的再现和有我玩味方式的把握，也让人们在日常的生活趣境中能找到一种重复、简单又静心、平和的高级化修炼与明悟方式，并营构着自我生活意义的一种微型空间景色，常见于茶室的物件铺设样式。不论是何种花色样式的茶器，铺陈于茶席上，都能够激起我们对其鉴赏的某种美感反应，也容易引起喝茶人的触景生情。但这种美的情与景，并未去判定着其功能之美的合理用意与触摸知觉，而是更多地表现出被其外在的形式表象所感染。换句话说，只有生活常用的茶器，才会令我们渐老渐然地触摸玩味它的意义。因为在此过程中"感觉它的表面是粗糙还是光滑，是冰冷还是温暖"[24]，才会让喝茶人产生常用、久触的魅力与回应，又会日久生情且格物念生。

首要，久之悦目。每件茶器都是为了饮茶之用而创制。一般意义上，这些茶器物件都是为了顺应饮茶的某种用意方式而创造出丰富的花色样式，并适应喝茶人生活审美的复杂需求与玩用特性。当然，有用意的茶器，才会久留于茶桌子上；反之，不太实用、花哨的茶器，迟早会收起、搁置某个地方。换个角度来说，因"物品是实用的，意味着它拥有'机能'"[25]的生活用意，才能激发出喝茶人"品茶赏器"的玩味理想与体验感受。而根据日常经验，某些好用的茶器，不仅会得到某些情感上久用的可靠回应，视知觉上还会存在适度的触摸赏识。譬如说茶杯"内白外色"的敷彩工艺方式，起到了釉色之美的调和作用。这不只减弱了器物釉色的鲜艳亮丽所带来视知觉上的刺激感受，还权衡了器物颜色的"白釉与彩釉"对比舒适度，也增强了器容茶汤水色的赏观悦目性。这样的色彩搭配方式，无论是红釉色、蓝釉色、黄釉色、紫釉色、绿釉色还是其他釉色的茶杯，都能高级精致化其釉色的优雅、纯净之美，某种程度上还展现出其完美化的生活用意。（见图 1–5）

倘若茶事给予个人品饮的沉浸时间越久，就会愈加会渐进"对感知所做的一种简单而富有诗意的解释，认为看见或听见某种东西，就是要被其穿透，让它的一部分通过光或声音的媒介进入你自己"[26]。因为这样的体验与鉴赏，会自觉自性地修炼喝茶人身临其境于"茶与器"的"知行合一"过程来不断地走上美的精致化、复杂化的同时，又会以美的物用美心之情趣反哺于我们日常生活茶事的种种可能方式与存在意义，并给予了人们以"用"的形象感

触美
—
玩用赏器

图 1-5 青花装饰杯　陈伟制

知方式和"美"的赏观玩味方式，从而获得一种审美愉悦的幸福体验感。其实，正是人们深入地追求美之茶汁汤色的视觉与滋味醇香的知觉，才会使其自然地回应在茶器的形、饰、色、质方面所构成的"功用与美观"美感意义上的视觉与触觉的舒适度或者适合度。一般意义来看，寻常久用又触摸的茶器，不只给予了喝茶人"物心"的某种恋恋不舍的生活效用与可靠性，还给予了他们"物趣"的某种回味无穷的生活叙事与亲善感，自然会体现出一种美的愉悦的踏实与自由感。

另外，久之怡性。日常经验可知，有时通过简单、纯粹的茶器的外在形式花样，大多数人似乎看不出什么吸引人的美意。但是在"一茶一器"的饮茶场景之中则会演绎出它们的神韵与精美。当然，这种美的呈现与感受，更多源于茶主人使用这些物件时所流露出其美的视知觉体验感与情景叙事感，某种程度上反映出美在"一个润物无声、潜移默化的过程，它把外在环境的审美特质内化为人的个性意识和心理"[27]的体验性与移情性。事实上，正"因中国文化美学尚求'体悟妙生'的哲理思想，善于'以小为美'的审美情趣来寄物怡情，澄怀味象"[28]的生活物境来修炼、成熟着喝茶人自我之美的鉴赏情趣，形成了有我"茶之美的滋味与器之用的触感"的物境和生，并且反哺于他们日常饮茶器用的一种物件花色的审美偏好与生活习性。譬如四川成都的坝坝茶，常用青花图案装饰的盖碗冲泡绿茶，流传着地方浓厚的饮茶生活方式的同时，也显露出对某种茶器样式的审美特态与文心趣境的民族喜好。

显然，茶器的表象形式，不只折射出"美是对象的合目性的形式"，无论从其美的形、饰、色、质等方面所构成可赏识的美观外形上，还是从其美的比例、大小、厚薄、弧度等方面所构成可实用的舒适结构上，都要体现出生活普遍意义上尽用极美的特征，并构成生活器物形式的特定秩序感，以保障器物对人的生活效用与美学虔诚。坦然，有了生活的效用与虔诚，器物才有了造物工艺律则的"型"与"法"，也才会有可靠的用途与亲善的意义。一只青白釉色的茶杯，会在日常久用时流露出"平凡的要和那沏不可能的很美丽地交织着"[29]的一种生活叙事。虽说是看似极其普通的茶杯，却有着简洁、精练的造型与干净、素雅的质色，无论在其自身内部空间的单纯实用性和简逸性，还是在其周边外部空间的和谐融他性和自然性。可见，它不只有生活寻常、平凡之用与美的纯粹力量，还有着生活静心、平和之心与念的沉思冥想，更是最大化了物用之美的悦目、怡性，并传达出隐含空寂的意味，如此，自然会给予喝茶人的透彻与启悟"将人类生活本身描述为一种艺术形式，每个个体都能够通过自己的直觉、学识和智慧对自身进行创造"[30]。

还有，久之移情。因为"美感经验既是人的情趣和物的姿态的往复回流"[31]，某种程度上就是反映出喝茶人"物的意蕴深浅和人的性分密切相关"[32]的一种"格物致知"与"玩物寄情"的生活样式。显而易见，好用茶器不只是美之健实的精神状态的物质呈现，还是美之乐生的善意状态的文心演绎，无论从其单纯、质朴的生活用意上还是其简单、纯粹的工艺用途上，都展现出美之"以小喻大"的生命力量与"以用乃大"的生活气息。诚然，茶器是集"平常、平凡、平和"之用的美与"诚用、诚善、诚心"之用的心，同样还是集"善用、善待、善美"之用的人，自然会赋予美的活力于一身，并陪伴着喝茶人共同度过的那些叙茶日子，真正意义上走上凡常又伟大的生活美。譬如说俗常的养壶之事，就是典型性的生活用意之趣事，也是流露出喝茶人平常久用茶壶时所形成一种有意味之美的"物我情深"趣境。（见图1-6）

或许正是茶器的日常用意，伴随茶人的触摸赏玩，渐深了我们对它日久生情的美意与趣境。与此同时，这种情意又会给予它具有现实意义的应用价值与亲善美感，总会在生活茶事的某个时刻闪烁着美，并寄予他们不断重复、专注于一种生活的热情，也会情不自禁地来疏导人们玩味享乐的一种日常能量方式。因为这种生活方式，贵在于人们对滋味天生的嗜好与尚求，更着重于我们有种情趣上的日常玩味与精善，无论是"粗茶淡饭式"的大众化还是"依茶择器式"的文人化，都是喝茶人在一往情深地谋求茶之美的同时，也流露出对美的情景叙事记忆"每人在某一时会所见到的景物，和每种景物在某时会所引起的情趣，都有的特殊性"[33]。事实上，常用的茶器，会渐强着喝茶者对叙茶方式的生活用意，也会渐深了他们对赏茶玩味的叙事记忆，自然附属于这些茶器物件带有茶主人的某种依赖性与情趣性，则会愈演愈烈地渐进于自我境趣。譬如说青花杯，早已被视为民族符号记忆较强的工艺样式，相对来说也易让人赏识其美的用意与念想，自然就成了俗常化的物件花样。还有，其花样本身蕴含着美的古雅、清净、安静，不只流传着可靠、可赏的民族工艺，还体现出其悦目、怡性的生活用意，早已超越了时空的美与趣，自然就带有全民性的审美趣境与集体性的工艺花样。

简而言之，茶之味的品饮，需有器之用的秩序，才会有美之茶事的形式与内容。换个角度来看，只有方便沏茶之用的器皿，才会变成生活化的实用物品，因为"'用'反而会使'美'成为确然可靠之物"[34]，自然就会随着茶人生活日常的和谐共存，渐成久用而难舍之物，并体现出器用于生活的美与趣。相比之下，画工精美、装饰华贵的盖碗，如在热冲泡茶时易烫手、难抓握的话，自然会从茶桌上被淘汰掉，因它在人机工程学方面存在器用的缺

触美

—

玩用赏器

图 1-6 日常茶器　郭丽珍供图

陷，没有起到其"致用利人"的功能作用，未能有"用"之美的健全形态；或许它的美更偏向于赏观性与把玩性，自然也就不会成为久用之美物。

当然，这种现象不外乎两个因素：一方面，个人美术时代的"艺术至上"思想转嫁于生活用器的审美喜好，自然而然盛行出"重美、轻用"的茶器生活样式；另一方面，宫廷审美思想的"精工奢华"工艺彰显于器物美趣的高级奢好，迎合了现代大众"贵气豪华"的审美心理，流行"观赏、弱用"的茶器工艺方式。或许我们从景德镇近十年的茶杯、茶碗、茶壶等器物的风格特点，便可知其中包含着具有浓厚的地方绘饰特色与工艺美术思想，突出手工艺之美的精彩，则轻其手工艺之用的律则。倘若从美的时代潮流样式角度来看，正是图案纹样的工艺方式赋予了茶器的某种装饰特色的同时，又带有消费美学的样式时效性与生活兴奋感，过多地谋求短暂玩味的一种物色享有欲与成就感，会让我们陷入流行美学的一种纤弱、繁杂又不踏实、健用的器物世界。

三
大美感生

倘若生活之美的意义就是成熟美的幸福感受的话，那么它自然也会修行着人们的生生境界。如此，饮茶的生活用意就是给予我们"在人类心灵的最深处，对幸福的向往毋庸置疑地占据主导地位"[35]。于是，茶便成为大数人玩味赏饮的某种谋求自我幸福感的享乐趣事。特别是当"人愈到闲散时愈觉单调生活不可耐，愈想在呆板平凡的世界中寻出一点出乎常规的偶然的波浪，来排忧解闷"[36]时，或许一杯溢出自然醇香的热茶就会沁入人心，让我们感觉到无比的开心快乐。可见，茶之美的天性就是给予人们嗜好茶汁滋味的幸福与乐生，更是启悟喝茶人对美的鉴赏力与亲善力，并渐老渐熟着一种自我境生之美的永恒力量。

因用之美的单纯而带来器物样式的洗练、纯净、质朴之美的工艺力量与时代理想。诚然，有意味的用意茶器，才会兼其有趣味的玩用触感，自然产生出有生活美的滋生与回味。无论是审视它的形状大小、纹样花色，还是赏识它的精致工艺、精湛技艺，只有"用"的型与法，我们才能掌握其美的内在要义与外在秩序，而不是陷入复杂化雕琢的附庸工艺做派。因为这些附庸工艺做派的茶器，多半带有"一种煞费苦心地显示技巧的倾向，从而陷入繁杂，其工艺和行为也变得明显起来"[37]的审美趋向，自然会渐弱了它"物尽其用"的健实、和谐、利人的美。与此同时，这样的工艺样式自然就会滋生于艺人手工玩技雕琢的茶器珍品意义，却并非茶器工艺的主流趋向，某种意义上，则会愈加流入花里胡哨的茶器样式。

寻常之用的茶器，倘若从工艺之美的生活文心角度来看，会避免存在其物件花色"片面强调美，就走向唯美主义；片面强调真，就走向自然主义"[38]的某种脱离生活用意的艺术化偏向。因茶的伟大意义是赋予了民众寻常的生活方式，又反哺于器物工艺的用途意义，才会成熟着喝茶人的物心美境，从而走上了"在'民'的世界里看到了最高境界的美，也看到了古雅之美、玄妙之美"[39]的生活意境。如果我们脱离生活用意的宗旨，去鉴赏茶器之美的种种伟大意义，它要么是高古的珍品标本，要么是仿古的精湛技艺，要么是雕琢的现代工艺而已，却更多只是停留在个人"玩技趣味"和"赏玩嗜好"的情境，而非是茶人"道器不二"的茶境。无论怎样，茶器必须有可靠的用途和踏实的工艺，才会有生活用意的器制形式与秩序美感，也才有美的时代使命与虔敬信仰，真正意义上始向大美相生之道。

首要，踏实之感。生活实用的茶器，不只保持着自身均齐、圆满的形体，还保持着民族典型、熟知的形饰，以及窑口样式、技艺的工艺。作为寻常之用，会让喝茶人感受到茶器的一种单纯的力量感与质朴的厚实感，也会散发出他们热爱生活之美的踏实感与格物观。通常来说，器物的造型形制比纹饰装饰表达更难，这是由于装饰附属于器物造型上的纹样表现，则相对于器皿的造型表现力较为自由、活跃，而其器型的形状大小、弯曲弧线、比例分割等所构成的内在结构秩序需符合人机工学，故不能夸张、变形成不宜人触用物件形态。反过来看，其器型创制的有限性是保障生活之用的工艺律则，也是维

触美
—
玩用赏器

系茶器"物尽其用"的大美思想。否则，"在自由的美之外，忘掉了秩序之美的人不可能是正确地理解美的人"[40]，更不可有其美的可靠用途与踏实工艺显于茶器身上。（见图1-7）

用意之美是无形、无声的，不能局限于短时演示的表面，因为生活中充斥着太多花里胡哨的茶器样式，所以只有寻常久用的器制形状，才会产生出一种纯粹、诚实之美让人心生敬意，并给予我们享有它"超脱物外、深入内里"之美的内涵。从某种意义来看，失去生活用意的茶器，会成为工艺美的形骸，也就没有了日常生活美的时代意义与叙事记忆，或许这样"脱离所在的时代，任何一种对幸福的寻觅都不会被理解"[41]。显然，茶器的风格与样式是由其内在的结构成分、材料与外在的形状比例、大小所组构成，并体现出宜人的功用性能与美观感受。同时，也需单纯、诚实的工艺方式与精湛、细致的技艺手法来展现出其可靠的用途。否则，偷工减料、粗制滥造的工艺自然会扼杀其安全、踏实的生活赏用力量，变成品质低劣的生活用意，也就显露不出高贵之美。譬如说手绘茶器的样式，看似五花八门，实则参差不齐；无论从其画面的构图、设景、勾线、敷色，还是从其形象的轮廓、结构、比例、远近关系，以及质色、填彩工艺等方面，都展现出粗心的画法与粗糙的工艺，失去了良好的审美体验，自然就没有了让喝茶人久留于茶桌上的生活用意。（见图1-8）

接着，亲善之心。无论如何说，常被使用才是还原茶器的本来用途与敬

图 1-7　茶碗　袁乐辉制

见图 1-8 镏金盖碗 许润辉制

仰意义。因为包含生活用意之美的器物形制，通常会有"适合手的生理构造，并需要考虑饮食时它的大小和器壁怎样更好地配合嘴张开时的倾斜度"[42]的一种秩序与律则，如茶杯收口弧度太大，就会出现难以品饮完茶汁的问题，自然就不会有久用的可靠性与亲善性。显而易见，生活常用的茶器，看似极为单纯、洗练，实则极为自信、虔诚。这不仅蕴含着"用"的和谐、舒适的人体机能完整性，还体现出其"赏"中悦色、悦目的视觉经验合适性，久而久之，会让喝茶人产生自觉自性的亲善与怀念。譬如说茶壶相比盖碗的冲泡、饮茶更为简单、纯粹，也让大多数人更易想念茶汁滋味中的一种生活回应，因为它比盖碗更易激发人们对美的赏茶叙事感与生活现实感。尤其是常见的紫砂壶身上刻有生活智慧类的名言诗句汉字，这更加渐进了喝茶人寄物移情的玩用与亲和之心。

　　一般来说，单纯化、纹样化、均齐化等特点与样式，不只是茶器样式的代表性表现。因为物件之用的可靠性才会带来人们亲善的用途意义，还会带来我们赏识美器的安全途径。或许恰如柳宗悦所言："如果不去关注安全途经，也许就不可能消除世界上的丑陋器物吧。"[43] 通常，实用的茶器，就是生活的良器，自然受到民众的亲近与喜爱。这样的茶器，多半会让喝茶人在日常生活中寻觅到小小的惬意与欢乐，又能体悟到丝丝的愉悦与自信。某种程度上来看，正是它的可靠用途和安全工艺，才会让我们觉察到茶器的冷热温度和淋漓着茶汁的滋味，来享有茶之生活美的快乐与喜悦。譬如说有些盖碗的造型设计过高或过宽，以及盖钮没有凹槽形，虽看似秀气、优美，但在冲泡茶时就会出现问题，如倒茶汤时易剩留，影响茶汁滋味的口感，还会因其直经的过宽易造成手捏抓握不适。可见，美的茶器要有安全、可靠的用途，才会让喝茶人有亲近它的吸引力。

再者，乐生之趣。一般来说，茶人会在自我生活中拥有异常细腻、宽容平和的心境。那么，茶器自然就是他们演绎生活意义的心物，并承载着自我格物之"用"的秩序精神和"美"的生活信念。坦然，好用的茶器样式是由人类工艺经验的"型"与"法"来维系着"工艺作为人的一种行为和能力，制作出相应的器物时，人往往沉湎于工艺的非凡成功中，接受器物带来的好处，并据此安排自己的生活方式"[44]。由此，这种"器以利用"的生活观念，不只律则着器物工艺的一种生活固定形式，还反哺于器道精神的一种生活丰富内容，某种程度上，又会外化出生活茶境的民族性、地域性、习俗性、时代性等文心精神所形成的一种"知行合一"的物我观。显然，这种物我观的生活化，提升了喝茶人自我"内省外化"的静心、平和、谦诚、虔敬的一种生活意义与体验价值，又通过渐熟他们"以小喻大"的叙事时空观和美好乐生观来修行着无我精神之美的生生。

无论何种方式的生活饮茶，都会让人们享有茶汁滋味上的某种其乐融融，也蕴含着"精神上的幸福需要有物质的支持，才会降临并存在"[45]的生活美。其实，饮茶让人们享有生活美的某种味觉上的舒服刺激感的同时，也滋生了自我美的一种文心趣境的高级精神化与哲理化。虽然日常生活的茶事器式，看似为司空见惯的某种器式花样，实则是"器以载道"的生活叙事与美学精神；与此同时，又是显现出民族器制工艺力量与生活用意，才会拥有如此简单、纯粹、质朴、自然之美的茶器本色，才能走上其普度众生的生活意义。事实上，民众的生活器物"在中国文化里，从最低层的物质器皿，穿过礼乐生活，直达天地境界，是一片混然无间、灵肉不二的大和谐、大节奏"[46] 相生出大美的善意。当然，在文化传统"万物有灵"观念的流传下，这种"心诚则灵"的乐生文化意识自然会融入器制形式与内容所表现出符号性、象征性的样式，并成为茶器美的一种超越时代样式的固有形式。譬如说，常见仿生葫芦、瓜菱、花瓣等形态造型的茶壶、茶杯，并通过"以意构象"的简化、提炼成抽象化的形象，呈现出美的器物造型，还有像带有喜祥瑞气寓意的纹饰图案等。正如周海歌老师创制《致敬八大》紫砂壶感言"八大山人水墨果蔬造型拙朴生动，极富禅思禅趣，耐人寻味，以紫砂表现其意味，似也具有朴素的自然美"，或许这就是中国造物文化的生活思想本意。（见图 1-9）

最后，幸福之美。茶之美的茶汁"味"与茶器"用"，构成中国人饮茶情趣的一种生活方式，"使一般人民都能在日常生活中时时接触趣味高超、形制优美的物质环境，这才是一个民族的文化水平的尺度"[47]。同时，也反映出人们生活样式的某种"善物用意"与"善美乐生"的精神理念，并也形成了饶富趣味的茶文化。其实，日常之用的茶器体现才是生活用意之美，从

图 1-9 致敬八大　周海歌制

而随之茶主人的频用久处，自然会拥有他们亲善与玩用的生活趣味，则也是流露出人性的趣味，更是展现出物趣乐生的幸福美。换言之，一旦茶器失去了生活用意的美，而无限制地精雕细琢出其一流技艺的美，就只能在工艺美术领地独自生长，这种美已失去了生活深度的饱满，会慢慢褪色、失去活力，因为美的意义若如"幸福需要交流和传递"[48]。坦然，青花绘饰的花草类茶杯就比其他人物、山水类题材更被大众欣赏、亲近，在装饰表现形式上会更加趋向图案圆满化与平面视觉化；显然，在器物装饰的视知觉感受方面，花草类纹饰所构置画面空间的整体饱满感稍强，也容易营造出唯美浪漫的生活幸福感。

茶器的寻常久用，让我们喝茶人在体验美的生活仪式感和叙事玩味感的同时，也透露出美的格物明理与寄物移情，某种程度上又会滋养出喝茶人的一种"尚古""怀古""忆旧"的物趣美境。虽说中国人骨子里都有着"东方人悠古的世界感触"[49]，但这种"趣味"与"赏玩"的茶境，又会反哺于茶器花色样式展现出美的一种古色意味与古法工艺。因为古雅之美的花色样式蕴含着民族文心艺脉的经典与记忆，能唤起我们对它们的某种生活形式的敬仰与念生，并能给予我们一种美的幸福与圆满。诚然，今天的物件古色，不只有美"能够看到正宗的过去，也就意味着能够看到正确的未来"[50]的时代意义，还有美"包含着精神与物质的社会之缩影"的契合力量。譬如说红釉色（祭红、郎红、钧红）茶杯，明显地带有传统工艺力量来叙事美的生活用意，并赋予了"喜福祥瑞"的寓意象征，自然就超越了时空的古色意义，并且更多地寄物移情着一种生命之美的力量。

　　无论如何，唯有生活常用的茶器花样，才是最富有生气之美的时代意义与文心精神，更是生活型工艺的一种文明认知与设计理念，即中国文化"器道不二"的精神传承与美学演绎。

注释

[1] [美] 罗伯特·格鲁丁 . 设计与真理 [M]. 袁璟，译 . 杭州：中国美术学院出版社，2018，第 13 页 .

[2] [美] 罗伯特·亨利 . 艺术的精神 [M]. 张心童，译 . 杭州：浙江人民美术出版社，2018，第 189 页 .

[3] [美] 罗伯特·格鲁丁 . 设计与真理 [M]. 袁璟，译 . 杭州：中国美术学院出版社，2018，第 4 页 .

[4] [美] 罗伯特·格鲁丁 . 设计与真理 [M]. 袁璟，译 . 杭州：中国美术学院出版社，2018，第 8 页 .

[5] [日] 柳宗悦 . 工艺文化 [M]. 徐艺乙，译 . 桂林：广西师范大学出版社，2006，第 143 页 .

[6] 宗白华 . 宗白华讲美学 [M]. 成都：四川美术出版社 . 成都 .2019，第 506 页 .

[7] [日] 柳宗悦 . 人与物 – 柳宗悦 [M]. 杨珍珍，译 . 北京：新星出版社，2018（12）：第 15 页 .

[8] [美] 罗伯特·格鲁丁 . 设计与真理 [M]. 袁璟，译 . 杭州：中国美术学院出版社，2018，第 10 页 .

[9] [日] 柳宗悦 . 人与物 – 柳宗悦 [M]. 杨珍珍，译 . 北京：新星出版社，2018（12）：第 80 页 .

[10] [日] 柳宗悦 . 人与物 – 柳宗悦 [M]. 杨珍珍，译 . 北京：新星出版社，2018（12）：第 74 页 .

[11] [英] 塔妮娅·M. 布克瑞·珀斯 . 茶味英伦 [M]. 张弛、李天琪，译 . 北京：北京大学出版社，2021，第 85 页 .

[12] [日] 柳宗悦 . 人与物 – 柳宗悦 [M]. 杨珍珍，译 . 北京：新星出版社，2018（12）：第 76 页 .

[13] 杭间 . 手艺的思想 [M]. 济南：山东画报出版社，2017，第 198 页 .

[14] [日] 柳宗悦 . 工艺文化 [M]. 徐艺乙，译 . 桂林：广西师范大学出版社，2006，第 158 页 .

[15] [日] 柳宗悦.工艺文化 [M].徐艺乙，译.桂林：广西师范大学出版社，2006，第 156 页.

[16] [日] 柳宗悦.工艺文化 [M].徐艺乙，译.桂林：广西师范大学出版社，2006，第 151 页.

[17] [日] 柳宗悦.工艺文化 [M].徐艺乙，译.桂林：广西师范大学出版社，2006，第 165 页.

[18] 宗白华.宗白华讲美学 [M].成都：四川美术出版社，2019，第 506 页.

[19] [英] 柯律格.长物：早期现代中国的物质文化与社会状况 [M].高昕丹、陈恒，译.北京：生活.读书.新知三联书店，2015，第 82 页.

[20] [美] 罗伯特·格鲁丁.设计与真理 [M].袁璟，译.杭州：中国美术学院出版社，2018，第 5 页.

[21] [英] 塔妮娅·M.布克瑞.茶味英伦 [M].珀斯.张弛、李天琪，译.北京：北京大学出版社，2021，第 67 页.

[22] 朱光潜.谈美 [M].北京：作家出版社，2018，第 147 页.

[23] 朱光潜.谈美 [M].北京：作家出版社，2018，第 93 页.

[24] [美] 丹尼斯·J.斯波勒.感知艺术 [M].史梦阳，译.北京：中信出版集团，2016，第 111 页.

[25] [日] 柳宗悦.人与物 – 柳宗悦 [M].杨珍珍，译.北京：新星出版社，2018（12）：第 59 页.

[26] [美] 克里斯平.萨特韦尔.美的六种命名 [M].郑从容，译.南京：南京大学出版社，2019，第 74 页.

[27] 徐恒醇.设计美学 [M].北京：清华大学出版社，2006，第 140 页.

[28] 袁乐辉.茶颜器式 [M].南昌：江西高校出版社，2021，第 15 页.

[29] 宗白华.宗白华讲美学 [M].成都：四川美术出版社，2019，第 507 页.

[30] [美] 罗伯特·格鲁丁 . 设计与真理 [M]. 袁璟，译 . 杭州：中国美术学院出版社，2018，第 137 页 .

[31] 朱光潜 . 谈美 [M]. 北京：作家出版社，2018，第 29 页 .

[32] 朱光潜 . 谈美 [M]. 北京：作家出版社，2018，第 29 页 .

[33] 朱光潜 . 谈美 [M]. 北京：作家出版社，2018，第 144 页 .

[34] [日] 柳宗悦 . 人与物 – 柳宗悦 [M]. 杨珍珍，译 . 北京：新星出版社，2018（12）：第 15 页 .

[35] [法] 克里斯托夫·安德烈 . 幸福的艺术 [M]. 司徒双、完永祥、司徒完满，译 . 北京：生活·读书·新知三联书店，2008，第 47 页 .

[36] 朱光潜 . 谈美 [M]. 北京：作家出版社，2018，第 83 页 .

[37] [日] 柳宗悦 . 工艺之道 [M]. 徐艺乙，译 . 桂林：广西师范大学出版社，2011，第 210 页 .

[38] 宗白华 . 宗白华讲美学 [M]. 成都：四川美术出版社，2019，第 50 页 .

[39] [日] 柳宗悦 . 工艺之道 [M]. 徐艺乙，译 . 桂林：广西师范大学出版社，2011，第 212 页 .

[40] [日] 柳宗悦 . 工艺文化 [M]. 徐艺乙，译 . 桂林：广西师范大学出版社，2006，第 161 页 .

[41] [法] 克里斯托夫·安德烈 . 幸福的艺术 [M]. 司徒双、完永祥、司徒完满，译 . 北京：生活 . 读书 . 新知三联书店，2008，第 51 页 .

[42] 杭间 . 手艺的思想 [M]. 济南：山东画报出版社，2017，第 193 页 .

[43] [日] 柳宗悦 . 工艺文化 [M]. 徐艺乙，译 . 桂林：广西师范大学出版社，2006，第 194 页 .

[44] 杭间 . 手艺的思想 [M]. 济南：山东画报出版社，2017，第 207 页 .

[45] [法] 克里斯托夫·安德烈 . 幸福的艺术 [M]. 司徒双、完永祥、司

徒完满，译．北京：生活·读书·新知三联书店，2008，第 48 页．

[46] 宗白华．宗白华讲美学 [M]．成都：四川美术出版社，2019，第 579 页．

[47] 宗白华．宗白华讲美学 [M]．成都：四川美术出版社，2019，第 512 页．

[48] [法] 克里斯托夫·安德烈．幸福的艺术 [M]．司徒双、完永祥、司徒完满，译．北京：生活·读书·新知三联书店，2008，第 78 页．

[49] 宗白华．宗白华讲美学 [M]．成都：四川美术出版社，2019，第 501 页．

[50] [日]柳宗悦．工艺之道[M]．徐艺乙，译．桂林：广西师范大学出版社，2011，第 110 页．

第二章

手艺眷恋

事实上，生活茶事明显地渐浓了人们生活的器用仪式感与器美赏观感，也在渐进喝茶人生活用意的文雅诗性美境的同时，渐深了他们触物玩味的某种工艺形式与喜好样式，以生活痕迹的历史回应方式来鉴赏与亲善器物的意义。

中国传统文化的博厚、悠久、高明，某种程度上就是反映中国器物文化的时代演进与工艺文明。它不只肩负着华夏民族造物方式的一种全民性、集体性、文明性的时代意义与创新精神，还流传中国手工艺思想的一种国民性、地方性、技艺性的生活用意与善美信念。与此同时，古今瓷器文明国度的传承经验与创新智慧，不断地积淀着工艺精神的时代渐进与手艺思想的特色渐浓，又蕴含着"器道不二"的造物美学与生活叙事方式来渐行着其器物"尽用极美"的文心与趣境。恰恰是中国手艺的种种工艺方式与表现形式，丰富着生活器物的花色样式，支撑着我国陶瓷器繁荣发展的地域性、地方性、特色性面貌与典型风格。

换而言之，任何民族文化的种种生活物件样式都会流传着自己国度文化的传统工艺与民族手艺。因为手工艺不只代表着一个国家工艺文化的文明程度，还凝聚着国民时代精神的美学信念，更加折射出民族生活方式的文心叙事。显然，我国因经历了漫长悠久的农耕文明，形成了独其深厚、精湛、高明的造物生态体系来维系着民族生活需求的器物方式与集体样式，同时又形成了一个民族手艺的典型特点与创造风格，从而又不断地孕育着某种手工技艺精湛一流的水平来支撑着器物工艺文化集成的巨大力量。当然，手艺的精湛程度，自然会生活艺术化地再现中华民族的精神风貌与工艺特色，某种程度上，也不断地成熟着中国手工艺的独特技法和独有经验，并潜移默化地影响着我们对于生活器物审美的鉴赏观与认同感。

诚然，饮茶之事，让我们享用茶味醇香的同时，又赋予了一种赏用茶器美感的趣境，并又反哺于我们喜好器用物件的花色样式与工艺方式，自然还会提升喝茶人自我的物用善美观与生活器道观。事实上，生活茶事明显地渐浓了人们生活的器用仪式感与器美赏观感，也在渐进喝茶人生活用意的文雅诗性美境的同时，渐深了他们触物玩味的某种工艺形式与喜好样式，以生活痕迹的历史回应方式来鉴赏与亲善器物的意义。因为这种审美的叙事方式，不只会反哺于我们"基于法则的器物，恪守法则的器物"[1]的生活用意之美，还觉醒了我们要流传上乘之美的传统手艺观念，来亲近茶器物件的工艺特点和古雅韵味，从而昭示我们敬慕着一种古色技艺所带来如此伟大的工艺造作。（见图 2-1、2-2）

图 2-1　白明先生绘饰青花盖碗

图 2-2 黑釉茶碗 白明先生制

一

手作之迹

正是茶器特征留有着我们手作的真实痕迹与生活用意，并随着时间的洗礼产生出一种美的深度和意味，因为"岁月使这件物品更加厚重，将其内在的东西突显出来，并吸收进周围的东西"[2]。则之，这种手作的器物本身就蕴藏着匠心营造的美的巨大力量和创造精神，又包含着人工造化的亲和力量和顺应智慧，体现出手作所留下的有意味又意义的美学精神与鉴赏焦点，又散发出手作之美不可思议的技术与令人惊叹的敬意；与此同时，它又流露出匠工艺人对器物的忠诚精神与劳动愉悦，有着专心致志的劳作美与伟大美，更易让我们在这个现代型的生活世界里享有身心安慰的平和踏实感与自然轻松感。毋庸置疑，越是易让人有亲近感的物件样式，且靠近人工自然化的表现方式，就越带有某种娴熟的技艺特征，还带有意味的古色特质与古雅美感。

正是耐人寻味的手制痕迹与经验智慧，给予了器物之美的无限力量，不只是赋予了其手工艺的意义和价值，更是流传着令人赞叹的绝妙技巧与精湛技术，并体现出手工灵巧的表现力与惊奇的创造力。换个角度来看，无论从其器物的成型、装饰、釉色、质材等方式上还是其烧成手法上，因有手工劳作的技艺方式和技能手法，才能呈现出如何最直观、典型性地支撑着茶器风格样式的地域化、地方性，更是保留着民族风味的某种乡土做派的文心艺脉与生命活力。譬如说景德镇民间青花绘饰的刀字纹样，最早盛起于手绘民用的杂胎碗上，如今已过去一百多年来，虽说有渐向衰弱的迹象，但又渐起于绘饰于茶杯上。这种手绘纹饰的画面表现，看似稍显质朴粗意，实则需要娴熟的装饰画技艺以及秩序井然的运笔画技术，体现出手工绘制之美的灵巧运笔与生气韵味，更是承传着其他工艺方式无法媲美的一种熟能生巧手艺。

诚然，手作表现的物件，意味着有人类思索的技艺经验与智慧，还流露出有人类情感的审美要素与温馨能量。某种意义上，它回应了"人类在作品中追求人性时，手工的价值永远值得记忆"[3]一种美的鉴赏方式。因为它在散发出人类之手的原始质朴与自然天性、诚实劳作与敬意信仰的同时，又传递出我们亲善它时实现美的境界和赏识美的本真，在器物身上感受到无比的温暖与美好。或许正是这种美的感受带来大多数喝茶人触摸到器物身上留下的人类手工痕迹时的一种"超然物外"交流与启悟，又会更玲珑、透彻地沁入人心的一种交融与慰藉。其实，在理解美的事物时，手作之美的器物花样会自然而然地给予人们一种有心之技和无心之美的虔诚，某种意义上，会赋予我们愈来愈近的亲切感与温馨感，并又让喝茶人感觉到无限极远的生命敬念。（见图 2-3）

首要，质朴的力量。器物手作的观念，本身就带有着远古的原发性审美思维与传承性技艺方式来塑形造象，那么这些器物的视觉感受，自然会流露

图 2-3 手捏紫砂茶壶 袁乐辉制

出一种造物之美的原发性、传承性、审美性的自然痕迹表征。事实上，这种手作的工艺方式必然会回应着其物件散发出的质朴之美。因为手的力量，会最大化地保留着极其简单又单纯的技术手段来赋予器物的种种适合人类视知觉审美经验的工艺特质和生活美感，同时又通过独特神奇、精湛的技艺表现来给予器物的若干满足人们有意味的形式美感与内容叙事，还会更多地再现美的内在深度与外在平实，并隐藏着我们享有得心应手的器物之深奥道路。换言之，正是手作的娴熟技艺与质朴力量，回应着美的一种"过去—现在—未来"生命力来维系着器物工艺精神的"天人合一"思想与"文心艺脉"流传，从而昭示出我们对其美的永恒念生与敬仰意义。或许美的补偿意义，不只调和着人们生活的种种物式方式，更是承载着人们生活的种种足迹记忆，而手工之美自然是人类记忆的有效叙事方式，某种程度上"手工总是与民族气质有关，除人类以外，机械产品往往不去涉及这些地方"[4]。

显然，手工的卓越是从某种内在卓越的技艺精神与技术手段来传递器物美感有意味的形式与内容。它不只带给我们享有自然质朴、温情平和之美的东西，还给予喝茶者更多的触物美心的超越时空感与念生自然感。因为它保留着人类审美经验的某种程式化、精湛性的技艺的同时，又按着人类心灵的某种倾向和机能，谋求器物自然之美的生动面貌与形象特点，总是带有单纯简练、质朴厚重、古雅余韵之味的流露。譬如手工半刀划花雕刻，无论在北方的耀州窑、定窑还是在南方的景德镇窑、龙泉窑等窑口，如今还承传着古法的技艺制瓷工艺。这种手工雕刻手法，不只表现出匠工娴熟的提刀刻坯技艺与其洗练划刻的表现手法与应变能力，同时还蕴含着他们精练构置画面的巧工妙法，从而刻划出流畅、优美的纹样。恰恰正是这种质朴、自然的手工刀法展现的有意味的纹饰美，是现代所谓机器雕刻或者 3D 打印等技术手段无法超越的，因为它体现出人类技艺经验积淀后的"由量至质"的高级审美化表现创造方式。（见图 2-4、图 2-5）

换言之，手作之器的种种形式，不仅呈现出对技艺之美的赞赏，还培养和增强着喝茶人对物件美意的生活兴致与眷恋之情。因为现实生活中，太多冰冷机械化的器物花样陪伴着我们，并无休止地吞噬我们离自然越来越远的惬意芳心。从某种程度上来看，品茶之美的茶人手艺造化，同时，又反哺于他们享用手工茶器的快乐情趣，也是获得身心慰藉的一种现实生活补偿表现。此时，我便也明白一个道理：日常茶事不只教化了我们生活的诗性仪式感与艺术鉴赏力，还哺育了我们生活器物世界渐渐始向亲善手工之美的温情与念生，某种意义上茶事就是隐藏着"因为是保持传统的国度，所以近代以来的器物多洋溢着古雅之情"[5] 的生活意义。如青花图案的手工绘制技艺，虽说是沿袭传统制瓷工艺的一种装饰方式，但是这种青花纹饰风格已成为民族审美俗常化的集体样式，那么流传着这种手艺表现于茶器（杯、碗、壶等）自然就是顺理成章之事，这也反映出民族文化的自信力量与美好象征。

其次，敬意的精神。任何手作的生活物件，都有尽善尽美之感受的流露，

触美
一
玩用赏器

图 2-4 莲花刻划盖碗　黄致鸣制

图 2-5 莲花刻划茶杯　刘谦制

才会有我们值得去虔敬它的意义与价值。当然，"而'物'的接受者，从'物'身上体会了从具象有形到抽象慰藉的心灵历程"[6]的感受时，我们愉悦地鉴赏到美的某种手工味道与善意，并抒发着我们对于审视手工物件本色的一种赞赏。从另一层面上来看，正是善良、朴实、执着的生活精神孕育在远古手工技艺劳作方式的传统文化叙事中，自然也会回应在我们全民性的生活审美观念内，从而形成对美的某种高尚精神的敬意，并反馈于器物样式的赏识意义与评判方式。虽然手工的东西不能全都说是美的表现形式，但往往会暗示着我们某种亲切感的念生，又流传着一种生活用意的实在、平和感。倘若我们去审视茶桌上放置的各类物件器皿时，若刚好是带有手工劳作方式的物件会格外会让自己留心些，因为它们似乎会带有古老象征意味的工艺性质和敬意审美方式的艺脉文心。相对其更多地流露出善意的精贵美而言，因为我们总用怀念情绪来宽容其手作带来物美上的一些不足，而敬仰这些手作物件所带来让人怀恋或想念的崇敬之物，或许就是渐显了手作方式所留下的人类痕迹与自然深度。譬如说拉坯成型技艺，是由人类最古老的慢轮式制陶技艺流传至今的一种手工劳作方式，但这种手作方式并不是高于机械化的压制方式，无论其器物的变形性问题还是量产性方面都不能说胜于后者，但是拉坯成型的器物会留下动人的手工痕迹与忠诚表征，更能展现物件之美在某种视觉上的丰富感和精神上的圆满感。

事实上，手工的技艺经验智慧，随着时代变迁而在不断地形成多样且丰富的表现力与创新力，又维持着民族传统的习俗、信仰、观念等完整系统的工艺文化发展，并成熟了民族审美心理特点的喜好性与表达性。那么，在手作器物的鉴赏过程中，我们会自觉自性地传递出的那种善解人意之情的目光并审视它们，或许这种赏观评价的目光早就被手工之美的工艺精神和创制意义所感动和敬佩，从而又极易让我们感受到岁月昭示物件美感的魅力与生气。与此同时，生活物件的手工感，也会让我们与相关人物的某种历史产生叙事联系。譬如说手工茶杯，无从其绘画装饰的技艺水平，还是匠工艺人的风格属性，都会在其茶杯样式中带有他们个人工艺表现的某种特色或者特长，同时留下作者签名等标注，以此表明出自某人之手作的身份意义，某种程度上就是手作工艺走上了个人的美术化、精贵化；或许这样的手艺方式在反映中国手工艺由超越实用观念的个人手艺趋向生活器物工艺的集成转型与融合发展的同时，也显现出个人工艺走向生活用意的手工卓越的创造性与艺术性时代，更是一种带有浓厚手作之美的一流价值与收藏赏识，走上了过度的玩技手艺样式，即也是近些年来景德镇手工绘制茶器盛行玩赏高端的原因，少了些玩用的工艺之道。

坦然，手工是增强我们对美的工艺特点的有效记忆，也是流传我们对手艺的介入生活用意中从没有消失过的崇敬，同时又是唤醒我们认为重要而值得记住的东西。事实上，手工造作过程的物件本身就有着确定的结构、静动的轨迹、手触的纹路、纯真的心灵等带有人类情感叙事的工艺律则，自然就会留有令人惊叹的技艺力量，那么如此天巧人工的手法能表现美的器物。毋庸置疑，它们叙述手艺伟大精神的同时，守护着远古又通今的工艺真理和生命意义，也是救助着现代器物工艺持有美之质朴、自然、单纯和平实的生活重要方式，还拉近了我们与人造自然物品的和谐关系。换个角度来看，手作的精神唤起器物"这种有心与无心对欣赏者都产生了深刻的影响；它们通往我们或许会称之为自然性的东西"[7]。如茶器底款的书写虽说有着源远流长的历史传统，体现出手艺表现的娴熟技能与书写标志的地域特色，也流传着中国手工艺文化遗产的重要手式；但这种手工书写的意义远远超越了其美的价值，不仅直观展现了茶器品牌标识的文人书写卷气，还有意味地体现出其茶器标识个性的识别鉴赏趣味。另外，这种手工书写方式，又方便、美观、快捷地表现出手写款识的品牌意义，富有美意的文字构成形式，也是今日景德镇流传着手写堂名款的重要叙事记忆。

接着，劳作的痕迹。手工制作的器物，看似源于某种古代手工技艺的劳作手式，传递出含有独特美学意味的人类痕迹。很显然，如今手工劳作的价值，贵在承载着民族经典性、特色性的叙事记忆，重在体现出人民劳作性、乡土性的时代回应，又蕴藏着国民审美性、象征性的美好用意，自然就带有"中国独特生活方式'原型'所在，复杂折射了土地、人、生产之间的关系，并通过'馈赠'和流转，在纵向的历史和横向的生活片断中传承"[8]。譬如说宜兴，中国手工劳作制壶的地方，也是家庭式手工制作紫砂壶的产业重镇。作为紫砂壶的典型性工艺特点，大多数匠工艺人至今仍然沿袭着的传统泥片拍打手法方式来制作完成各类款式茶壶。虽然其样式基本上仍以传统经典再造的方式来复制传统紫砂壶的风格，但其工艺依然保留着传统手工的精湛技能与精美技艺，更是体现出其"文心艺脉"的工匠精神与守护价值。当然，紫砂壶因手工劳作下的"产量低、价格高"的消费现象，也会从生活的平凡实用走上奢侈玩赏的工艺美术之路，自然会滋养出仿效手工制壶的机械量产化、低廉化、粗糙化，更会有滥竽充数的"伪手工"之作的紫砂壶流入市面。

虽说我们对器物美的鉴赏由"美不完全在外物，也不完全在人心"[9]的感觉可能性向"美之中要有人情也要有物理"[10]的感受意义性，从而来进行衡量与评价；某种程度上，其手工劳作的情分与恩宠也是成为我们审视美的重要意义和生活信念，因为生活之美的样式与尚求更多源自于中国文化传统弘扬的善良秉性、美好乐观的理想生命精神观念。显而易见，手工之器的意义，更多地贵在其美隐藏着人类善良纯朴的劳作精神痕迹，无论是否其美是流露出粗糙的简单、平庸之气还是表现出精品的细腻、文雅之气，我们都会有一种赞美之心来赏识，因为在这里的赏识"没有作为和繁杂，只有质朴、自然、单纯"[11]。譬如西南少数民族地区仍保留着些非常简便、原始的手工制陶器作坊，主要生产些煮茶或者煎药所用的器皿，其手工制作的工艺虽稍粗糙些，却体现出"因地制宜"又"物尽其用"的生活用意精神，更是流露出乡土做派的手工味道与劳动方式。

或许手工技艺在展现茶器精美绝伦的同时，也是对现在机械制造所带来美的一种有效补偿与调剂，还是流传手工之美的时代意义。其实，"与机械制造相比，手工制作更能使人体会到工作的幸福"[12]。一般来看，机械工艺带给我们器物花样的如此复杂程度的同时，便也会越来越扼杀美的自然天性，更会越来越远离手工劳作的器物让我们感到欣慰又赞赏的幸福美。显然，手工劳作的工艺方式，不只有慢工细活的一种叙事记忆与审美情趣，还有尽善尽美的一种永恒爱意与生活本味，并潜移默化地启悟着我们享有美的一种天性与温情，自然而然就会寄予手工技艺表现出器物花样的若干形式与意义。而恰恰"这个世界的构造是不可思议的，没有劳动的地方也就没美"[13]的俗常观念，又给予了我们谋划手工劳作的器制方式所带来生活美好的叙事与价值。反过来想一下，我们平时生活享有茶汁的自然汤色醇香，也是靠茶农平时辛勤耕种茶树、采摘茶叶、制茶的周而复始地劳作才得以实现。显而易见，手工的劳作意义更多是让喝茶人去感受"茶叶的汁色与茶器的质色"之间的天人和合之气，反映出美的茶器就是从无心之手的痕迹到有心之爱的回应。

另外，亲善的生气。手作是最贴近人的自然美感与欢悦温情。事实上，手作的生活器物本身就已带有传统乡民质朴风或者优雅田园浪漫感的历史变迁叙事与人文精神理想。那么，手作物件之美与生俱来有某种田园、质朴美的人情化和理想化的审美情境，倘若我们去欣赏这些物件时，往往会有无限的亲近感和想象力。从另一层面上来看，手工技艺所展现出器物美的某种形式与内容会"提供了一些特定参数以供理解，塑造了我们的最初印象"[14]。譬如我在手工捏制茶碗时，因其器形凹凸不平整的表面特征，常用手抓坯体来完成浸釉，偶尔会有意识地留下无釉的手指印迹，自然地和合了其形、色之美的手工痕迹与古拙稚气。与此同时，这种手工表现的物件样式，不只传递着个人器物创制的某种古为今用的技艺方式与形式美感，仍保留着地道手工味的制作痕迹与乡野气息，还显现出茶器之美的自然单纯、古朴厚重和文雅清静，又有"我们创造时用的东西来于自然，也将归于自然"[15]的明悟深意。（见图 2-6）

追求美，要求"实用又好看"，便会增加手工制作器物的随意性、自由性、自然性。这样的表现方式，不只适合了其工艺层面上的技术秩序感，还融合其审美层面上的技艺韵律感，也更易贴近其生活用意的风格与样式。这样方式的工艺之美，喝茶人自然会有喜爱之心的器用深意。因从传统器物美学的人类经验鉴赏角度来看，我们便会熟知"手又增添了更加不可思议的技巧，在世界上创造了无数的美的器物"[16]。与此同时，手工技艺也是现在匠工艺人的一种生存技能，反映出生活器物之手工美的时代回应方式与自我保护手段，从而又渐强了我们亲善美的一种记忆叙事与物喻意义"正是这种怀旧情绪促使我保存那些逝去的时光"[17]。事实上，每位喝茶人都有个人玩用茶器的偏好，有人喜好绘饰纹样的茶杯，有人喜好纯净釉色的茶杯，倘若这

图 2-6 志野碗　袁乐辉制

些茶杯依附于手工技艺所制作的花样特点话，他们都会有种赏识的眼力去仔细注意它们，或许也有手工的茶杯代表着某种高级的玩味成分吧。譬如说景德镇烧制的蛋壳杯，需要匠工的一流精湛技艺，他们不只要有专注的意志和静心的念头，靠手轻敲泥坯的声音来判断其胎体的厚度，并且全神贯注地提刀利制，才能修坯成"薄如纸"的程度，某种意义上也代表着高超的手工艺淋漓尽致地表现出机器无法复制的轻透薄胎之美。这种手工艺所呈现出的"轻薄通透"美感，也自然成为潮汕工夫茶人们喜爱玩用的茶杯种类。

诚然，手工技艺所创制出的生活器物，虽说只是极为普通常用的杯、碗、壶等茶具物品，但具有人类精神审美的艺术内涵和节奏秩序，自然会使人产生愉悦和兴趣。与此同时，这些物件的形色、肌质表征，又会流露出手作内容的痕迹并以此回应我们的亲善与欣慰，因为这些内容叙事的痕迹易让我们唤起"失落的爱、自然、传说以及遥远的地方与古老的时代"[18]。事实上，一种有厚重历史文化感的手工技艺，自然会赋予某种人文情怀的叙事记忆与美好向往；那么这种技艺的叙事特点若表现于生活器物身上，便会移情于使用者的身心上，去亲善物件所带来美的某种叙事念生与赞赏乐生。譬如手工绘饰杯上的各类主题图案，绘制内容记录着全民性、集体性、习俗性的生活理想诉求，附加于其装饰的象征意义让我们自然就会有亲近感，尤其在匠人画师的艺术表现下，显露出线条勾勒的笔迹感和设色敷彩的均匀度，更会渐深了我们对其美的赏识与欣慰，也渐浓了喜爱之情。

二
泥火之息

　　火的利用是人类走上文明的标志，也是人类手工劳作创制生活器物的重要途径。显然，火的掌控技艺不只成就了陶瓷器物的烧结硬度同时，又成熟了其釉质的变化色彩，还演绎着美轮美奂的手工制瓷技艺，并形成了独具特色的中国手工艺文化思想体系。换而言之，火给予了人类烧造瓷器的丰富表现力的同时，也赋予了我们烧造瓷器的一种定律与参数，从而形成安全、稳定、可靠的技术力量和自由、偶然、自然的技艺经验。事实上，对于陶瓷艺术之美来说，火候的把握经常是用作重要的评价方式，而对于其烧造技术的掌控理应归功于对现代窑炉结构的科学改进，从而让烧窑师傅能够简单、便捷、稳定地操控着火的烧结气氛变化。从某种程度上来看，窑火的技术虽说依赖于人类实践的经验与思索的智慧，但随之现代窑炉技术不断提升的同时，我们对火的直接掌控技能也有下降的表现，并会逐步被数控机械化的窑火技术替代人类原始的操控方式。

　　玛丽·马泽斯马曾说："美是一个独特的超时代的概念。"就陶瓷是火的艺术而言，火的技艺表征就是一个超越时空的永恒的工艺力量。同样，泥料看似为极为平凡常见，但是其丰富的塑造性与自由性给予了人类凭借智慧双手创造了无比惊叹的生活美器样式，又在此泥胎施上釉料，再经过火的高温烧结后呈现出绚丽多彩又光亮晶莹的美妙肌质。事实上，正是由于各地泥料的不同而形成了陶瓷"因地制宜"的地方窑口工艺特色与样式风格。而这些窑口又不断地以"互往、互学、互融"的时代流变方式来传承与创新，才呈现出国民性、地方性、特色性的工艺文化与文心艺脉，并且又历经代代承传与演进。或许这就是传统工艺的力量孕育着"传统作为土壤、自然、风土之故里，作为历史、习俗之家哺育了他们的'自我'，又因地域、手法不同而异"[19]。

显然，一件陶瓷器物带有自然"泥与火"的人工造化力量，同时，其本身就有了远古流传与历史叙事的种种技艺回应，自然便也凝聚着古韵余生之美的流露。倘若从人类对自然美的认知经验维度来看，我们常会持有人造物品的一种自然理想化审美观念来享有它们的美好意义，并传递着一种"让我们将纯粹的自然和人为性作为一个连续体"[20]的和谐统一观念，从而来维系着没有一个清晰的"巧美的自然与自然的拙美"边界的手工艺美学，且又是一个复杂性的"美与自然"人工造作维度。诚然，这种手工艺美学的传统，不只流传了祖辈们创制陶瓷器物的技艺道法与生存常理，也传播着他们种种技艺经验的造物律则与遵从法则，同时便也形成了独有工艺美的若干鉴赏与评价方式。事实上，无论是从匠工创制器物的生活叙事意义上，还是从他们制作器物的技艺精湛程度上，或多或少会被我们视为一种自然原发性的"鬼斧神工"奇迹和"天人合一"造化的泥火之美，也隐显出人对美的东西的无限想象与神秘敬仰，自然便也会昭示着喝茶人玩用、赏观其物件之美的某种生命启悟与时空回应。

一方面，远古的意味。制作陶瓷器物的工艺方式与完成过程，伴随着现代化的文明进程不断地渐进革新，由过去乡间的家庭作坊式往现代车间的工厂量产式的高效生产发展的同时，也慢慢地微弱了前者手工作业的原生态生产意义。从某种意义上来看，正因如今手工艺"迟缓的手工工作苟延残喘，而机械则在向前发展"[21]的时代局面，造成了现代造物观念走上了一个生态自然连续体的两个审美维度：现代的新潮与远古的纯朴。与此同时，现代设计又渐进了"如果我们从自然的一极沿着这个连续体向前移动，人类修改的程度或类型会开始悄悄地混进仍然被认为是自然的东西"[22]的审美补偿性心理趋向。那么，在这个复杂、模糊又新奇的生活世界，自然会让人感觉到一种无比刺激又格外失落的审美性情渐深，又需有一种极其单纯自然又质朴安静的物心境趣，以物用品的田园乡野生活方式来实现我们身心的慰藉与温馨的幸福。或许这说明了一点，近十年来茶器越有手工味的工艺特点，则愈加愈受人们的青睐与玩用。（见图 2-7）

当然，最让人们有直观性的赏识和叙事性的玩味之美的茶器就是柴烧工艺。倘若从叙事美学的传播性角度来看，其有备木柴、放坯体、垒匣钵、点木火、塞木柴、封窑门、开窑门等漫长的烧窑方式，它极其有乡野自然做派的生活

图 2-7　黄致鸣手工刻划缠枝纹

画面感，让人渐浓好奇与亲近感。但从烧造工艺的美学性角度来看，那么其釉质的莹润度、色釉的窑变性、青花或釉里红的花纹呈色性、落灰的变化性、泥火的痕迹性等特点，它又带有偶然性、难成性、独特性的工艺之美，自然会寄予人的期待与想象。毋庸置疑，柴烧茶器，不只有外在的形式美感，也有内在的内容叙事，更有远古的工艺自然和神秘色彩，并伴有民间俗常的开窑敬念"天、地、人"恩馈的信仰仪式，会更加笼罩着一种美的古色意味性的赏玩念生。对于我个人来说，柴烧的茶器就是流传古色之美的远古叙事，特别是套匣钵、无落灰的柴烧工艺，其柴烧与气烧的区别就是"钢"与"铁"的关系，并未有釉质结构性的不同变化，仅是釉面的油脂感稍显强些。其实，近些年来随着个人陶艺创作的柴烧观念渐入生活器物样式，则也渐浓了落灰柴烧的方式来淋漓"火与泥"之美的无穷变化与表现，并泛有原始自然的火石红质色或者形成各种色泽晶体的釉质感，更易激发起历史的想象力与痕迹感。

同样，泥的自由塑性与自然肌理，也会激起我们审视手工茶器的表面所留下的种种拍打手迹与划痕。或许远古时期的陶器表面留下人类捏泥手作的种种有意味形式美感的自然肌理，启悟了现代有些作家在创制陶瓷器物时，有意识地显露出手在挤压、捏堆、拉伸、擦划泥料时遗留下的各种肌理，恰恰此器物坯体表面保留着凹凸不平、粗细不均的泥质肌理和手迹纹路，给予了他们展现出自然之美的"巧与拙"和合，流传着手工之美的远古乡土韵味。

事实上，它不只蕴藏着泥与手之间的默契与亲近关系，还给予美的一种自然原发性的手痕秩序与节奏感，自然会带有"这种表象由于集体的、长期的、无意识的积淀而形成群体共同的集体表象和程式传统"[23]的乡野性与远古性。如我的老师白明教授，他近些年创制出的茶碗，多半采用古老慢轮式的捏制或者拉制成型，无论是其造型表面不平的凹凸起伏形状还是从其胎体釉质不齐的浇釉工艺特点，都体现出有意味的厚重、古拙、单纯之美，更有手与泥之间所形成的一种"心物与美心"自然维度的本真、本味、本色。（见图 2-8）

另一方面，生命的闪烁。一般意义上来说，中国思想传统的"弘扬天地的生生之德"[24]生活用意，自然而然会反哺于我们以"天地之心"的造物方式来善美生，贯穿着我们以物用利人的一种"生生和合"的生命观念与"器道不二"的生活理念来创造物件的意义与本心。显然，泥与火交融着远古的技艺美，同时，也熔铸着某种人造自然之美的神奇力量与奥妙趣境，便会视为美的生意，并昭示着陶瓷器物之美的无限生命与无穷创造。那么，"古为今用"的一种器物"经典再造"方式，成为现代茶器创新表现的工艺花样，某种程度上也复兴了手工茶器趋向一种复古样式与风格，常见于仿宋瓷的简逸文雅、仿元青花的古拙洒脱和仿明清彩瓷的繁满精细、大雅大俗。

装饰是附庸于器物多样化之美的同时，又赋予了美的全民性、集体性、意义性，并走上了其物件花样的俗常之美的生活用意，呈现出众人喜好的亲近感，因为"爱好绚烂夺目的形象，喜欢装饰的本能，讲究外表的华丽；这

图 2-8 白明茶碗

些倾向存在于贵族与文人之间，也存在于平民与无知识的群众之间"[25]。事实上，我们已处于一个复杂性"由城市中感官的流动和隔绝所形成的立体主义视界，一度成了装饰艺术的便捷视觉仓库，它意味着时尚设计界的时髦'样式'"[26]的生活世界，那么茶器的潮流花样自然免不了手工装饰的种种俗常风格。有时我去景德镇某些作坊看见匠工艺人在手工绘饰茶具时，赞叹如此分工协作的集体手工劳作精神。有人负责勾线画主题形象轮廓，有人负责画面填色渲染敷彩，也有人负责描线镏金，还有人负责书写底款堂号，是真正意义上表现出精湛一流的手工装饰技艺，也是机器无法复制达到地步。可想而知，这些手绘的茶器样式，看似有复制传统样式的某种画面构置，但总体上仍有嫁接与重构的现代审美观念，更多地散发出物件之美的古雅余韵，因为在这里的技艺样式更多地隐藏着"'古'并不仅仅意味着'年代学上的古老'，而且暗示了'德行上的高贵'"[27]。

不论是何种工艺花样，茶器都流传着其技艺思想和生活用意，相对于样式的风格特点来说，只是"古与今"的构成方式不同罢了。特别是美的空间维度与叙事记录，给予了我们持有生活物件形式的某种纪念性与仪式感，同时也赋予了我们"回往过去，面向未来"的善美乐生的幸福感，自然而然地流露出美的生命意义。正因如此，物件之美的深层意义就是"在人类认知中，我们只有通过某些限制或形式，才能知道空间和时间的存在"[28]的某种生命体悟维度。譬如说釉里红纹饰杯，表面上看似为单一的氧化铜成分烧成，但无论在其绘制的工艺手法上还是在其烧制的温度掌控上都要匠工师傅们丰富、深厚的技艺经验。事实上，氧化铜作为着色剂，因为其在高温状态下所形成化学铜离子的活性变化极大，故在绘制缠枝莲花草纹或者龙纹等纹样时，其作为画料的厚薄表现就关系着呈色的好与坏，画料的过厚会增加流动、模糊了图案，而其过薄会无色无饰了。同时，在高温烧制时，它又要讲究着适合的温度参数与火焰气氛，如温度过高呈微红泛白色，过低呈暗红泛黑。另外，烧成时的还原气氛浓些便会呈艳红色，若偏氧化气氛时呈红里泛绿。显而易见，其美之色贵在"天、时、地、利"的人类某种实践经验，还重在"得心应手"的匠人们手艺智慧，常会被我们视为"娇贵的宠儿"。（见图 2-9）

　　还有，时间的回应。生活物件本身就是其"用与美"之花样的永恒流变过程，自然也是一种时间叙事美学的历史回应与痕迹流变，更是创造了一个人文空间的生活美学来承载着我们的往事记忆与时间体验。事实上，正因"凡自然之物皆有回应的力量"[29]，我们才会把生活器物看作有生命的或动态的空间叙事过程。譬如说壶承，虽作为茶器物件的附属品，但其样式表现出丰富的工艺特点与众多的形状特征。从某种程度上来看，因其不需要百分百地适应人机工学的抓握、提拿功用，自然就有着一定的创制自由性与融他宽容性，则会拓宽其美之形、色、饰、质的外在表现力。其无论在造型的方、圆、异形和形状的大小、粗细、厚薄方面，抑或是装饰的书画、图案、雕刻方面以及在瓷质与木材或瓷质与金属（锡、铜）方面，都体现出工艺与材料所表

图 2-9 釉里红装饰茶器　陈伟制

现的种种可能性。尤其是从 20 世纪曾用过瓷器的老物件（笔洗、胭脂盒、盘托等），其口部配以手工制作的各类木质或者锡、铜托等方式来创制出现代壶承器具。恰恰正是这种"旧物新造"的"古为今用"式的工艺美术演绎了中国造物传统的"节制与利人"思想，又是给予了物件时代意义的生命力与叙事感，某种程度上就是一种美的新古典式再现。

可见，茶器的现代手工样态，就是有效地流传了古老技艺样式的某种传统属性与时代记忆情绪的一种生活叙事方式所积淀的民族审美情结，来演绎着生活物件美学的某种诗性古韵与时间维度上的眷恋与念生，又会渐行渐进了人们寄予它们的生活文化归属感的乡愁情怀与美好纪念。譬如说茶叶罐作为贮存常喝的某种茗茶，同时，又作为铺陈茶席空间美学的重要部分，它与壶、杯、盏构成茶器物件的高低错落、虚实相生、品赏玩用之美的"情意与景致"。显然，带有民族图饰花纹的样式会愈加渐进美之物我境生的时空维度与赏观仪式。或许生活茶器的各类物件用意，就是启悟喝茶人"所追求的并非是对其平凡人性的超越，而恰恰是任自己归于一种平静"[30] 的享用美境与诗性余意；随之日积月累的物我相生，自然便会有心的平静之善与美。事实上，中国人就有亲近木质的自然天性，无论是青花、釉里红、粉古彩、青釉刻花还是青白釉、柴烧的火焰色都以瓷质的器身，配上木质的盖子，则在常人眼里都会觉得美，并也成为近些年茶叶罐花样的重要组合方式，又会留有古香古色之韵味。

　　"风格从边缘往中心的转变使其耗尽了原有的生动和精妙的形式，但是依然有足够的残存品质保留下来，使得观众的感受力能够按照文化工业需要和调整的各种不同的部分得到大致上的扩展。"[31] 手工赋予闲暇以非凡的意义，来作为现代社会机制的一种生活补偿特征，自然会让人亲近与恩宠。事实上，它不只具有艺术地生活的嗜好与玩赏，还是装饰化营造现代生活空间的茶事诗意与田园乡野，正如杭间先生在《手艺的思想》所言："它是人类在谋求温饱之外的一种诗性的追求，是通过节奏、秩序和事物复杂关系的营构，对生活方式的选择。"[32] 换个角度来看，或许正是我们有一种对物境的诗性美好的亲善天性，才会渐起生活器物样式的空间叙事美学的时间性与玩用性。显然，老物件便就是唤起我们生活方式的怀念意义与时间回应。因它的样式给予了生活用意之美的某种超越时代感，又会激发我们品用之美的一种历史体验感。反过来看，仿效过去某种典型性记忆的物件样式便会成为喝茶者的一种喜好茶器的审美取向，譬如说鸡缸杯、十二花神杯、宋代黑盏等复制品就是典型例子。

　　当然，生活茶器的花样物式，"在很大程度上是由时代的力量所左右的"[33]。2018 年 8 月，我曾去过四川雅安市荥经县考察西南黑砂器，因为那里还保留最原始、淳朴的制作方式：第一，其泥料掺杂着细石砂粒和细黑碳颗粒，可以助燃"急冷急热"的快速烧成，还稳固了成品再烧煮时的开裂问题；第二，其器物形制仍传承的原始藏民酥油茶器和乡民熬汤、炖菜砂器，表现出原生态乡民的器物工艺；第三，其制作群基本上是当地的雇佣匠工，也保留着师徒式承传与分工；第三，其烧成工艺还是沿袭煤炭快速升温烧结一千多度后，急速放入备有木屑、周围渗水的窑坑后进行还原，极富变化的黑灰层次色彩，也是保留着最古老的乐烧工艺。但是伴随现代手工业的变迁与煤炭窑炉的禁烧等直接性原因，以及其粗糙、老土的生活样式与时代用意等间接性问题，自然而然会日渐式微，即使在非遗技艺的保护下，仅是定型于某种"泥与火"的技艺特点的叙事表演而已，也成为中国大多数非遗技艺的传承侧面写照。当然，生活方式的时代性与器物方式的花样性相互相生，那么某些老土的"型"与"用"，终究会渐渐褪色。（四川荥经烧窑图 2-10、2-11）

图 2-10 四川荥经砂器开窑场景一

图 2-11 四川荥经砂器开窑场景二

三

自然之味

　　亲近自然美，不只是人的天性，更是人的善性。其实，最美的手工物件是赋有生活用意的本真、本善、本美，从而达到让我们最易亲善的自然美。事实上，我们生活于器物世界的种种样式就是"精神对于舒适自在的偏好揭示了某种先天的创造力"[34] 的审美特点展现。从某种意义上来说，正是这种美的偏好渐进了我们尚求生活"物用赏玩"的创造幸福感与生活"物我情境"的空间营造观，同时又渐熟了我们生活"格物致知"的"我心"体悟观与"我化"择物观，并走上"生生"之道。倘若物件美的生活用意，给予了喝茶人讲究情景交融、情景合一的物境与美心，而这种美学意蕴赋予茶器的一种"天人合一"的自然观与"寄物移情"的象征观，从而又渐老渐熟地育美人心的物感体悟与亲善赏玩。当然，一件茶器之美的赏观玩用，出自于喝茶人的情感共鸣时所反映出的一种意象表露特征与心象显露特性，自然会带有浓厚"人情与物理"的个人情境与自然诗性。换而言之，有手工味的茶器物件会更多地流传于时间与空间的叙事变化，还流传生活工艺的善意与诚意的美好寄予，更是给予了我们鉴赏美之自然的亲和力与想象力。（见图 2-12）

　　正因现代手工陶瓷器物蕴含着"意匠与艺术技巧，在摆脱了自然、生活

图 2-12 铭文天下　周海歌制

中的繁杂、庸俗、低级、杂念后"[35]的简逸、洗练又优雅、精美，同时，又有超越时空界限的生活叙事与功用意义，那么它便会启迪我们去审视它们的一种欣赏的兴趣与玩用的兴味。尤其是其纹样的装饰工艺手法和寓意象征含义，无论是青花或粉古彩的绘图装饰，还是刀刻划花的雕刻装饰，都保持着其美的新意与活力。从另一层面上来看，倘若这些图饰符号附加于茶器物件的形式内容里，并又有匠工艺人的巧手技艺来制作表现，自然就有了美的古雅韵味与文心艺脉。反过来说，这种花样美意又会反哺于我们用意的种种视知觉感受与时空感启悟。由此，茶事器用之美的鉴赏与评判，自然会带有茶人生活"人习于以小我为我，遂以外物为外"[36]的物我趣境。与此同时，这种趣境又外化着物件花样之美的适度与自然、质朴与平和、时空与生命，还内化着物心体悟之性的虔诚与敬意、美好与乐观、俗常与平淡，来达成心物一致的自然美。坦然，手工的物件意义"仍然适用于我们大多数人对自然的共同的审美知觉"[37]。

　　生活器物的花色样式，愈是有文化的时代感就愈有人们享有的亲和性与喜好性。一般来看，传统造物方式的器物工艺不只承载着民族的文心艺脉，还流传民族的生活用意，并塑造着生活文化的某种时代样式与风格，因为"文化就是生活的样法，随遇而安和转身向后要求既然也是生活的样法"[38]。显而易见，茶文化就是形塑着中国人生活器用物件的重要时代样式，更是流传着中国手工艺特点的重要表现方式。恰恰器物世界就是"生活的需求迫使我们每个人在对世界进行观察的同时对其创建在一个内模式"[39]的玩用赏观之地，无论在茶器物件的功用性、美观性、地方性上，还是其器物花样的形态性、装饰性、时代性上，都凝聚着器物文化的生活全民性、工艺窑口性和时代叙事性，并流传出中国手工艺的一种"文心艺脉"内模式的创制理念与生活理想。换言之，"任何人类的技能的产物，甚至最高形式的艺术，在此无限的意义上仍然是自然的一部分"[40]，也是手工茶器所蕴含着美之生生的生活用意与深层维度。

首先，素朴的流露。好的手工艺物件，蕴含着一种美的内在的力量和旨趣，不只有着简单、纯真的形式美感，还有着素朴、自然的手技美，更有着平和、善意的心灵美。正如宗白华先生曾言："一切美的光是来自心灵的源泉：没有心灵的映射，是无所谓美的。"[41]事实上，中国文化的传统"心悟体道"观，自然会渐深渐渐熟于生活美的"格物"与"泽心"之境界。坦然，心灵会启悟着我们善美乐生的一种鉴赏力与想象力，还会启迪着人类创制器物工艺之美的一种自然的亲善感与纯真的平实感。譬如说泥料常分为陶泥和瓷泥两大类，也呈现出"粗与细""深与浅"的茶器胎体质感底色。一般来说，陶泥的多半成分直接选取于农作耕种田地或鱼塘里等自然植物的生长表层土壤，含自然各种陈腐成的有机杂质较多，而瓷泥的多半成分源于各类矿山石的粉碎加工后配制成较为干净、细腻的泥料，且很少含有其他杂质。相对来说，陶泥比瓷泥蕴藏着更多自然的原始、古朴味更浓厚些，那么其表现出的手作工艺特性更为靠近远古之美的乡土韵味与自然素朴。况且，同种青色釉料在陶泥或者瓷泥制成的生坯上所烧成茶器表层的釉质色彩就有视觉感知的差异，前者釉色偏灰、沉稳些，而后者釉色偏青、清爽些，某种程度上看来，偏灰的青釉质色，自然会显露多些美的素朴感。（见图 2-13）

事实上，中国水墨画境中的"在这一片虚白上挥毫运墨，用各式皴文表出物的生命节奏"[42]，不止赋予我们鉴赏美的一种"物态天趣、道法自然"素朴观。倘若我们在欣赏匠工艺人们在瓷器生坯上进行青花绘饰时，自然就会明白青花的绘饰表现如同中国水墨一样，流露出"青白"勾勒渲染的无穷变化与无限韵味。恰恰是这种古雅、素朴的纹样绘饰，附属于茶器花样上，自然也会散发出古色、古朴、古雅的视觉审美感受。尤其是在如此造型小巧的器物表面能完美地描绘出中国花鸟、山水、人物的微景画卷，无论在其运笔勾勒的技法上，还是在其画面营构的空间上，还有其设色层次的明暗上，都流淌着匠工们技艺之美的精湛细致与生动气韵。换而言之，正是其质色的素净、纹样的秀丽和画技的精湛，以及融他者空间的和谐与协调等特性，带来我们视知觉经验感受的一种美的素净与优雅，便有着某种自然静谧又天然素雅之美的纹饰花色。

坦然，生活茶事常见素朴的物件花样，自然会带某种单纯工艺的表现力量。其实，正是单纯的工艺力量，才永恒地律则着茶器的功能用意与尽善美意，便于合适我们玩用赏观的某种形式与内容，从而反哺于我们创制器物的

图 2-13　刻划越青杯　黄致鸣制

"尽用"与"适度"之和谐关系，又是保障着茶器工艺表现出其用意的单纯、洗练造型与素朴、恬雅花色。譬如说在砂粒粗糙又杂质较多的陶泥坯胎上刷白色妆土的工艺，源于古代制陶技艺，但后来发展成为一种类似釉料工艺表现出茶器物件之美的原始、纯朴。同时，这种古老的工艺方式，不只保留着器物表层反复刷妆土时的涂抹笔痕，有的还呈现出其釉质肌理的不同细小龟裂形状，如同河床干涸的泥层裂状，尤其是在火烧之后的每片龟裂形状的颜色呈"白里泛黄"的微差变化，极其富有其自然大地物象之美的想象力，也更加体现出物件肌质美的自然、素朴又单纯、拙味。（见图 2-14、2-15）

另外，单纯的表露。茶文化作为全民生活参与性、体验性、美学性、仪式性、明理性的一种高级物质性和精神性融合的生活文化，不只让人们富有个人喜好玩味的兴趣，又有喝茶人富有自我修行启悟的哲理，更有他们富有美的鉴赏力与乐的自信力，走上善美乐生的一种生活境界。显然，生活茶事的器物花样"只要有民族文化，则向传统的热情，不论去何种场合也不会消失"[43]。某种程度上来看，正是这种善美乐生的生活物件用意，自然会保障着器物工艺表现的单纯方式与功用样式，因为"适合于用途的工艺，愈单纯就能发扬它的品质"[44]。譬如说茶杯或茶盏釉色流淌时，悬挂在器壁上形成类似水滴状，富有"静中有动"的单纯、自然之美，又带有偶然性的"弄拙成巧"之美。其实，像汝青、龙泉青、建阳兔毫油滴黑釉等带有厚釉显佳色肌质的工艺特点，一般来说，流传着过往釉匠工人口念"秒数"的实践经验技术来完成茶杯或

图 2-14 化妆土壶承　钟友健制

图 2-15 化妆土形成龟裂片　钟友健制

者茶盏等荡浸釉工艺，自然会留有厚薄釉料的特点，那么稍厚些的釉料在高温烧制过程中易流动成"上薄、下厚"的悬挂成各种釉滴形状，并也带有一定"浑然天成"之美的工艺因素。

倘若"单纯也质朴之德，质朴的器物是受到自然之恩惠的，美在这里与之相融是自然的理念"[45]。因为单纯的善意，自然会给予我们造物方式的适度与秩序，也是律则着物件之美不会掺杂着过多人工雕琢"而过度设计则相反，是一连串的谎言"[46] 所附属的意义。因为茶器的造型样式与装饰花色，需要遵从其"物尽其用"的工艺思想，才能体现出其美的生活用意与本色。单纯的美学信念，律则着器物花样走上美之"奇技淫巧"的工艺，并避免其走上"奇形怪状"或者"耀眼夺目"的纤弱、花哨之美。显然，只有在器物"尽用赏美"的健实工艺与纯粹技艺，才会保障创制物件花样之美的单纯、洗练程度。这样，其"既粹且全，才能在艺术表现里做到真正的'典型化'"[47] 的样式与风格的同时，又赋予出茶器之美的用途与美观，才会更多地给予了喝茶人以静心玩用与亲善玩赏。譬如说拉坯技艺，倘若大多数茶器（像杯、碗、盏）采用拉坯、修坯利制成型后并附着厚厚的乳浊釉色，则难以让我们鉴赏其美的单纯、自然之手迹。那么，烧水的砂铫，不只是现代侧把手茶壶的原型，也是无釉的粗砂泥质拉坯成型的器型，还是要体现匠工拉制技艺的精湛水平。一般来说，其器型的特点讲究轻薄的胎体，又因其泥性干后如石头般的硬度，故难以轻松地修坯利制其坯体，仅在其半干湿状态下简单地修平器底。显然，

触美
—
玩用赏器

手拉制作砂铫的器身，需要匠工在双手揉搓、挤压、提拉时保持一气呵成的拉坯方法，并会留下明显一道道环圈的手迹纹路，更是流露出其得心应手技艺的单纯力量与自然美感。

显而易见，工艺的单纯力量更易体现美的某种洗练程度与精湛技艺，还反映出美的纯朴、厚重又简逸、豁达。某种程度上看，"单纯不是单一，没有比单纯更能包罗万象，也没有比单纯更能体现众多的美"[48]，也是我们生活器物花样创制方式的美学思想与工艺途径，更是现代手工造物理念的自然道法与生活精神。譬如说紫砂壶的书画雕刻装饰，类似篆刻手法的阴雕，常在制作成品的半干湿壶体上，借助刻刀在其胎体表面进行破土划刻，刀法历练、利索又简单、纯粹，并未有一丝拖泥带水的犹豫，而是更多体现出匠工技艺刀法的单纯力量与娴熟技能，特别是其稚拙的雕刻装饰在巧细的紫砂壶映衬下会格外有种美的古雅余韵。

再者，和气的显露。"天人合一"的美学思想，或许让我们觉悟到美的生活用意就是赋予茶器物件花样的单纯本真，因为在那样的器物世界里会让喝茶人启悟个人身心的"诚明"境界，才有最高的品行修养与禅化智慧，达成"超然物外"的静寂赏用。因为美物的赏用就是"主观的生命情调与客观的自然景象交融互渗"[49]成一个美妙的自我灵境与通达后生。

其实，"每一种文化皆坚决相信它自己的情感及欲望乃是'人性'唯一正常的表达方式"[50]，从而又不断地反哺于我们生活的某种形式与内容来修炼自我的鉴赏力与醒悟力，实现"天、地、人"的一种自然造化与思想境界，来最大化地恩宠无我之心的物件美。显然，不完整的残缺之美就是我们回应自然精神的某种敬仰与伟大生命，也是反映出中国传统美学"和而万物偕生"的造物善意与信仰精神。譬如说缩釉，就是陶瓷器物的一种工艺缺陷。倘若它成为茶器之美的一种工艺表现方式，就是人类审美精神的一种生命观念的高级演绎和自然观念的高贵虔诚之回应。事实上，有这种恩泽之心的生活精神，我们才会真正地鉴赏到工艺之美的另一种深度与生机。有时因为这种缩釉的工艺缺陷会形成美轮美奂的表层肌理纹路，会唤起我们无穷深远的想象力。则之，它的缺陷又未威胁到茶器的用途，反而更富有物件美趣的"可欲不可求"偶然性与天意性。

　　对于喝茶人来说，美的东西，贵在自我的鉴赏力与玩味感，唯此才会移情于它们的花色样式与工艺特点，又反哺于自己的喜好性与眷恋性，久用生情，来渐进圆满生活有我之爱的美物。那么，这种寄物生情的爱意不只是人们尚求"我美"的一种天性，更是他们体现"我生"的一种人性。当然，现实生活的复杂世界，充斥着五花八门的器物样式，愈加激起了我们这个时代的潮流意义，自然就会愈演愈烈地刺激着我们爱之美的程度与嗜好。正如美国卡伦·霍妮说过："爱本身不是一种虚幻错觉——虽然我们的文化中，它常常被用来满足各种与爱全然无关的愿望——但是由于我们对它预期太多，远超过了它所能够达成的，因而使它变成一种错觉的幻象。"[51] 某种意义上来说，生活茶事作为现代城市"快生慢活"的一种惬意，自然就是我们善乐于"浮光片影"的一片栖息地，也是显现出我们尚求"我美"与体现"我生"的一种自然之爱。反过来看，这种爱让喝茶人回归于自我的物境美心，给予了他们体悟于有我的玩物境趣，来获取身心慰藉的快乐与幸福。随着这种爱的日久渐深，他们又自然会有平和、虔诚之心待物。换而言之，因人工手作的茶器蕴含着美的某种"巧夺天工"技艺与"尽用尽美"文心，还和善着爱的亲近与贴心，某种程度上则又带有生活美的安全感与归宿感，自然就会靠近我们的生活用意。

或许手工茶味的工艺特点与美学特征，流传着可靠的技艺、可赏的技美和可熟的形象、可感的文心，也集成了全民性、亲和性的某种吸引力与鉴赏力，便才会有超越时空的生活用意与闪烁活力的自然生意。当然，因它固有着自然的天性会附带着美的整齐性，这样会"依赖它所有的独立于它与其他东西的联系的性质"[52]，来渐进手工美学的和谐生活性与叙事记忆性，又渐行手工样式的符号典型性与民族情结性，并带有生活纪念性的某种时代意义与视知觉经验。从另一层面来看，生活茶事的物用赏玩方式，启悟了"中国人于有限中见到无限，又于无限中回归有限"[53]的时空合一体的自然观，同时，渐熟了他们物境空间的"天人合一"美学观念，并增强了他们对手工物件花样的自然亲善性与享有意义性。譬如说手工镏金工艺，常见于茶杯口部边沿描上一道金线，不只完美了其内外的不同釉色在口沿交合时易呈现出工艺不整齐的粗糙感，还丰富了其釉色的空间层次感与线面构成感，更体现出美的一种"饰简重意"的高级装饰与精致、贵气。倘若从视觉感知的赏观性方面来看，这种手工描金边的样式，会给予茶杯的质地与色彩辉映的虚实、远近感，还更易渐强其茶器之美的精、气、神，同时又唯美、精善化了手工之美的巧、雅、趣。

最后，时空的隐露。茶室给予了我们生活一种"物我情生"的身临空间美的享用、观望、体悟观，从而又会反哺于我们玩用、触摸茶器物件的喜好习性与时空回应。某种程度上，茶事不只能赋予"物品能提供一种与遥远的上古非常直接的联系"[54]的生活叙事，还能给予喝茶人"依茶择器"的种种丰富性与意义性的生活仪式，也会成就着他们"格物明理"的生活体悟。倘若从美的生命意义来说的话，日常茶器的某种花样特点便早已超越了其物件本身的时代性与空间性，则更多地显现出其大美乐生的某种民族审美表征与生活玩味特征，即也是反映出国民"格物"的文心与"雅玩"的景象。毋庸置疑，正因中国人有着尚"古"之美的传统玩物生活，自然也会流传于现代器物世界的某种生活趣境内；而恰恰是茶事的静赏玩用方式演绎着生活物件之"用与美"的时空叙事和赏玩体悟，并会渐老渐熟地反哺于喝茶人对美的鉴赏与喜好。一般来说，"'古'并不仅仅意味着'年代学上的古老'，而且暗示了'德行上的高贵'"[55]，故茶器的仿古风格，无论在其样式的造型、装饰、釉色还在其工艺的技艺、技法等方面，基本上承传着"经典再造"的

图 2-16 日常茶器用意　袁乐辉制

器物花样来移嫁于现代茶器创制的表现形式。换个程度来看，这种生活美的展现方式就是反映出物件古色的某种时空叙事与回应。（见图 2-16）

　　或许茶器的花色样式能唤起美的鉴赏与玩用，某种程度上带有手工技艺"现在的经验和由现在的经验唤起的过去经验的记忆"[56] 的时空叙事之美。一般来说，生活用意就是"由现在的经验，唤起过去经验的记忆，而生出美的感情"[57] 的同时，也是反映了大数喝茶人对美的鉴赏与亲善之境界。诚然，手工可能是抓住了当今生活"美与物性"记忆情结的趣味所在，并在茶事生活世界里创建和保持一个共享感知趣味的手工艺样式与特点。譬如说青釉色，就是具有超越时空感的瓷器质色，它不只富有文雅、静意之美，还含有细腻、单纯之美，无论是越青、龙泉青、汝青、耀州青还是影青，看似带地方窑口的传统釉色特点，实则已超越了古今的时空界限，又伴随传统"尚青"的器物文化思想之延续，自然会成为永恒之色的流传。

倘若时间的设计，能让我们享有一种美的丰富画面感与生活乐生感的话，莫过于茶之生活的叙事情境念生。因为它能召唤出我们更多的幸福圆满感，并且可在每个人身上与生活结合在一起，让自我的人生乐趣变成有体验感的静心养生和有诗意美的完整幸福。与此同时，这种变化的日常与相伴的日久之生活用意，自然会召唤喝茶人对器物样式之美的自然鉴赏力与触摸亲和力。可见，这种体悟变化让人身心愉悦的生活形式，给予喝茶人"那些有规划的日子满足了我保持沉默的渴望，它们让我能够竭尽所能并用崭新的态度对应这个世界"[58]。事实上，其美的生活意义就会自觉自性地教化茶人"物用赏观"和"厚古雅玩"之趣，尤其是那些典型性的纹饰图案、釉色肌质和代表性的技艺手法以及地域性的工艺方式，自然会赋予我们生活物件样式的弹力，并流传着民族工艺力量的永恒意义。

无论如何，我们生活处于"一旦一个社会充斥着商品交换，而且形成了时尚和仿效之风，它就成为一种恒常的、自足的体系，在其中，那些总是受到鼓动，要去追赶风潮的人永远都实现不了他们的愿望"[59]的复杂化时代，这反映出现代手工茶器趋向的一种文化叙事美学与时代生活用意的生态商业机制，某种层面上也隐显出手工之美的功利主义与潮流时代愈加渐浓。

触美

—

玩用赏器

注释

[1] [日] 柳宗悦. 工艺之道 [M]. 徐艺乙，译. 桂林：广西师范大学出版社，2011，第 273 页.

[2] [美] 克里斯平·萨特韦尔. 美的六种命名 [M]. 郑从容，译. 南京：南京大学出版社，2019，第 135 页.

[3] [日] 柳宗悦. 工艺文化 [M]. 徐艺乙，译. 桂林：广西师范大学出版社，2006，第 105 页.

[4] [日] 柳宗悦. 工艺文化 [M]. 徐艺乙，译. 桂林：广西师范大学出版社，2006，第 105 页.

[5] [日] 柳宗悦. 工艺之道 [M]. 徐艺乙，译. 桂林：广西师范大学出版社，2011，第 278 页.

[6] 杭间. 手艺的思想 [M]. 济南：山东画报出版社，2017，第 48 页.

[7] [美] 克里斯平·萨特韦尔. 美的六种命名 [M]. 郑从容，译. 南京：南京大学出版社，2019，第 132 页.

[8] 杭间. 手艺的思想 [M]. 济南：山东画报出版社，2017，第 49 页.

[9] 朱光潜. 谈美 [M]. 北京：作家出版社，2018，第 61 页.

[10] 朱光潜. 谈美 [M]. 北京：作家出版社，2018，第 61 页.

[11] [日] 柳宗悦. 工艺之道 [M]. 徐艺乙，译. 桂林：广西师范大学出版社，2011，第 209 页.

[12] [日] 柳宗悦. 工艺之道 [M]. 徐艺乙，译. 桂林：广西师范大学出版社，2011，第 203 页.

[13] [日] 柳宗悦. 工艺文化 [M]. 徐艺乙，译. 桂林：广西师范大学出版社，2006，第 111 页.

[14] [美] 丹尼斯·J. 斯波勒. 感知艺术 [M]. 史梦阳，译. 北京：中信出版集团，2016. 第 155 页.

[15] [美] 克里斯平·萨特韦尔. 美的六种命名 [M]. 郑从容，译. 南京：南京大学出版社，2019，第 136 页.

[16] [日] 柳宗悦 . 工艺文化 [M]. 徐艺乙，译 . 桂林：广西师范大学出版社，2006，第 104 页 .

[17] [美] 罗伯特·格鲁丁 . 设计与真理 [M]. 袁璟，译 . 杭州：中国美术学院出版社，2018，第 249 页 .

[18] [美] 丹尼斯·J. 斯波勒 . 感知艺术 [M]. 史梦阳，译 . 北京：中信出版集团，2016，第 155 页 .

[19] [日] 柳宗悦 . 工艺文化 [M]. 徐艺乙，译 . 桂林：广西师范大学出版社，2006，第 114 页 .

[20] [美] 彼得·基维主编 . 美学指南 [M]. 彭锋，译 . 南京：南京大学出版社，2018，第 319 页 .

[21] [日] 柳宗悦 . 工艺文化 [M]. 徐艺乙，译 . 桂林：广西师范大学出版社，2006，第 105 页 .

[22] [美] 彼得·基维主编 . 美学指南 [M]. 彭锋，译 . 南京：南京大学出版社，2018，第 320 页 .

[23] 杨学芹、安琪 . 民间美术概论 [M]. 北京：北京工艺美术出版社，1994，第 12 页 .

[24] 张岱年、程宜山 . 中国文化精神 [M]. 北京：北京大学出版社，2015，第 158 页 .

[25] [法] 丹纳 . 艺术哲学 [M]. 傅雷译、张启彬编 . 北京：化学工业出版社，2018，第 13 页 .

[26] [美] 托马斯·克洛 . 大众文化中的现代艺术 [M]. 吴毅强、陶铮，译 . 南京：江苏凤凰美术出版社，2016，第 39 页 .

[27] [英] 柯律格 . 长物：早期现代中国的物质文化与社会状况 [M]. 高昕丹、陈恒，译 . 北京：生活·读书·新知三联书店，2015，第 76 页 .

[28] [美] 罗伯特·格鲁丁 . 设计与真理 [M]. 袁璟，译 . 杭州：中国美术学院出版社，2018，第 219 页 .

[29] [美] 罗伯特·亨利 . 艺术的精神 [M]. 张心童，译 . 杭州：浙江人

民美术出版社，2018，第 220 页．

[30] [美] 克里斯平·萨特韦尔．美的六种命名 [M]．郑从容，译．南京：南京大学出版社，2019，第 140 页．

[31] [美] 托马斯·克洛．大众文化中的现代艺术 [M]．吴毅强、陶铮，译．南京：江苏凤凰美术出版社，2016，第 38 页．

[32] 杭间．手艺的思想 [M]．济南：山东画报出版社，2017，第 52 页．

[33] [日] 柳宗悦．工艺文化 [M]．徐艺乙，译．桂林：广西师范大学出版社，2006，第 117 页．

[34] [美] 罗伯特．格鲁丁．袁璟，译．设计与真理 [M]．杭州：中国美术学院出版社，2018，第 250 页．

[35] 姜今、姜慧慧．设计艺术 [M]．长沙：湖南美术出版社，1994，第 90 页．

[36] 张岱年、程宜山．中国文化精神 [M]．北京：北京大学出版社，2015，第 48 页．

[37] [美] 彼得．基维主编．美学指南 [M]．彭锋，译．南京：南京大学出版社，2018，第 309 页．

[38] 张岱年、程宜山．中国文化精神 [M]．北京：北京大学出版社，2015，第 85 页．

[39] [美] 罗伯特·格鲁丁．设计与真理 [M]．袁璟，译．杭州：中国美术学院出版社，2018，第 245 页．

[40] [美] 彼得·基维主编．彭美学指南 [M]．锋，译．南京：南京大学出版社，2018，第 314 页．

[41] 宗白华．宗白华讲美学 [M]．成都：四川美术出版社，2019，第 88 页．

[42] 宗白华．宗白华讲美学 [M]．成都：四川美术出版社，2019，第 107 页．

[43] 徐复观 . 论文化（一）[M]. 北京：九州出版社，2016，第 149 页 .

[44] [日] 柳宗悦 . 工艺文化 [M]. 徐艺乙，译 . 桂林：广西师范大学出版社，2006，第 130 页 .

[45] [日] 柳宗悦 . 工艺文化 [M]. 徐艺乙，译 . 桂林：广西师范大学出版社，2006，第 130 页 .

[46] [美] 罗伯特·格鲁丁 . 设计与真理 [M]. 袁璟，译 . 杭州：中国美术学院出版社，2018，第 32 页 .

[47] 宗白华 . 宗白华讲美学 [M]. 成都：四川美术出版社，2019，第 123 页 .

[48] [日] 柳宗悦 . 工艺文化 [M]. 徐艺乙，译 . 桂林：广西师范大学出版社，2006，第 130 页 .

[49] 宗白华 . 宗白华讲美学 [M]. 成都：四川美术出版社，2019，第 89 页 .

[50] [美] 卡伦·霍妮 . 焦虑的现代人 [M]. 叶颂寿，译 . 上海：上海译文出版社，2013，第 10 页 .

[51] [美] 卡伦·霍妮 . 焦虑的现代人 [M]. 叶颂寿，译 . 上海：上海译文出版社，2013，第 222 页 .

[52] [美] 彼得·基维主编 . 美学指南 [M]. 彭锋，译 . 南京：南京大学出版社，2018，第 321 页 .

[53] 宗白华 . 宗白华讲美学 [M]. 成都：四川美术出版社，2019，第 159 页 .

[54] [英] 柯律格 . 长物：早期现代中国的物质文化与社会状况 [M]. 高昕丹、陈恒，译 . 北京：生活·读书·新知三联书店，2015，第 88 页 .

[55] [英] 柯律格 . 长物：早期现代中国的物质文化与社会状况 [M]. 高昕丹、陈恒，译 . 北京：生活·读书·新知三联书店，2015，第 76 页 .

[56] [日] 黑田鹏信 . 艺术学纲要 [M]. 俞寄凡，译 . 南京：江苏美术出版社，2010，第 27 页 .

[57] [日] 黑田鹏信. 艺术学纲要 [M]. 俞寄凡，译. 南京：江苏美术出版社，2010，第 26 页.

[58] [美] 罗伯特·格鲁丁. 设计与真理 [M]. 袁璟，译. 杭州：中国美术学院出版社，2018，第 231 页.

[59] [英] 柯律格. 长物：早期现代中国的物质文化与社会状况 [M]. 高昕丹、陈恒，译. 北京：生活·读书·新知三联书店，2015，第 142 页.

第三章

触物境心

茶给予了我们生活意义玩味的一种审美精神化的体悟维度，又传递了我们一个生活善美乐生且有着自己情感的现实世界。通常，喝茶者会把自己喜好的茶器当作物件之美用的意义来"静心触摸、赏观玩味"时所感受到美之"悦目悦心"的情境，则又令人回味无穷。

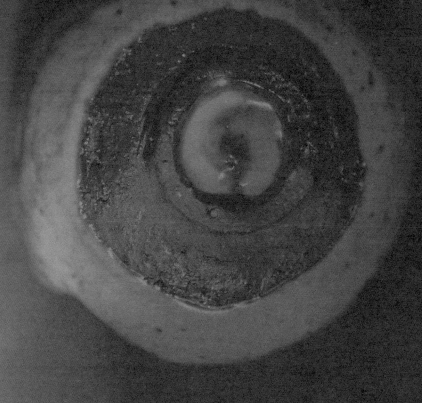

茶的品饮方式，不只渐进了喝茶者嗜好"味"的茶汁醇香，还渐浓了他们尚求"色"的静心赏观，自然也渐熟了他们"依茶择器"的玩味方式。显然，茶器不再是仅仅停留于物件之"用与美"的单一维度，而是更多寻求于物件之"味与趣"的物我境界，来传递出其美的生活用意与情景叙事，从而又渐老渐熟了喝茶者享有美的一种"触物境生"之情与景。实际上，茶器是生活习茶品饮的用器，也是生活品茶赏玩的美器。无论从其功能美学意义上，还有从器道精神理念上，它既生活艺术化了茶汁之美的物感味觉和物色视觉，又精神生活化了物件之美的玩赏、品观与游心触情。总之，对于喝茶人来说，正是因为这种物境美趣的原因，使得茶器的花色样式成为喝茶之事值得富有生活美的形式与内容。从某种意义上说，茶器的这种样式是提醒喝茶人在对生活茶事的虔诚与信仰的同时，增强了他们对品茶趣境的通感与体味，并赋予其专注于"一茶一器"的内在形式与外在表现。

当然，茶之美的物性味趣，不只给予了我们善于洞察日常器物之美的一种感知经验，还给予了我们乐于赏玩器件物色之趣的一种体验经验。恰恰正是这种物美的玩味与触摸，贯通着我们生活于"内在的、空灵的、丰富复杂而又个性化的"[1]物境游心世界。同时，茶给予了我们生活意义玩味的一种审美精神化的体悟维度，又传递了我们一个生活善美乐生且有着自己情感的现实世界。通常，喝茶者会把自己喜好的茶器当作物件之美用的意义来"静心触摸、赏观玩味"时所感受到美之"悦目悦心"的情境，则又令人回味无穷。

图 3-1 茶艺师郭丽珍 茶室外景

诚然，作为一种茶人理性沉思的审美对象，它需通过美的工艺形式与生活内容来适应于大多数人对茶器的共同审美知觉，并将其融入我们的日常茶事趣境中，才会有我们关于情感的一种"触物境生"唤起。（见图 3-1）

一

玩至情意

　　一种美的生活趣事与享乐惬意，在丰富多样化了茶的滋味无穷深远的同时，自然也会丰富个性化器的样式，并渐进了茶人"依茶择器"叙事的种种意味形式与趣味内容。显然，日常喝茶之事，虽为极其寻常化、简单化又极有玩味性、体验性的品饮之事，却蕴含着茶人享有物美的一种自然性"滋味"向审美性"趣味"的渐进渐熟过程，又反哺于他们由其审美性"趣味"至艺术化"玩味"的叙事方式，以此来丰富生活饮茶的赏观性与哲理性。那么，这种看似简单化又有哲理性的品茶方式，隐现出喝茶人的一种生活化又美学化的高级玩味趣境，并又折射于他们自我的文化涵养与生活品位。因为当我们赋予了生活日常之物为一种美的趣事，那它自然而然会给予了我们享有"玩"的一件美事，又恰好在这种生活自然"玩"的愉悦和兴趣下，让我们获得一种生活乐趣的饱满感与想象力。事实上，品茶赏玩的乐趣，不单单将"玩"的乐趣视为茶人直观体验美的一种感受与趣境，同时包含着他们对生活经验与智慧的哲理性体悟，同时又有触动人心的情境性觉悟。其实，这种品饮玩味的审美方式，常常给予喝茶人更多有意味的生活意义，就是"如果所有条件都达到最佳状态，也可能会有非常激动人心而富有意义的体验"[2]。

坦然，当茶事走上一种生活艺术化的审美方式，也就始向了艺术生活化的玩味方式，更是茶人生活重"玩"的一种高级化美学之事。然而，"玩"的物性游心并不总是一种生活茶事的俗常信念，而毋宁说是一种"亲和"物件的洞察力和生命力，同时也是一种生活善美乐生的态度或方式。当然，不同生活审美层次的喝茶人，会以不同器物的物件花样来玩味"茶汤汁色"所传递出美的形式与内容；同时，他们对待其美的玩味感受的不同而形成差异化、个性化的自我器物世界，并反哺于其茶室空间的物件格调与喜欢样式。可见，在日常饮茶环境里，这种"玩"之性情会让大多数喝茶人有一种"我们只接受最能满足我们意图的解释"[3]的生活器物方式来待茶享乐，又以一种"在人的觉醒中最关注的是人的内在气质的美"[4]的艺术品鉴方式来触物赏美，渐行了一种有我兴乐又有自我体悟的生活艺术化精神理念与审美感知方式。

事实上，"玩"的物性趣境，自然需要茶器物件之美的形式与内容来亲和、奇幻我们喝茶人的一种有意味性的情感方式，并又从其物件之"用"与"美"的茶事情境中获取自我赏心悦目的审美视知觉感受的一种快感与享乐。换言之，品饮玩味是我们生活用意的善美方式，也就是在其茶事中诚挚地传递着喝茶人自己的"触物游心"情感反应与"尽善尽美"感知回应。当然，这种"玩"之物心的审美情感方式，某种程度上要茶器物件之美的外观形式和用的舒适程度，尤其是其形态造型、纹理饰样、釉质色泽、大小体量等内在结构所组成有秩序、和谐、漂亮的外观物样，才会吸引喝茶人去善用、触摸它的感染力和鉴赏力，从而才会渐行我们对这些饮茶之器件花样的生活审美意义与玩赏能力，又隐含了一位喝茶者"善茶玩味"的生活美学角色或者故事记录人物，也是显现"有我之境"的情感意趣方式。（见图 3-2）

首先，用意之情。茶器的种种工艺样式，贵在有茶人沏茶品饮之用意的舒适尽心，才有他们亲和、乐于触摸观赏其美的花样风格与工艺特色，又重在有茶人"依茶择器"之趣意的物件功用，才有他们兴情、善于铺陈营设其美的生活玩味形式与叙事内容，并来赋予茶人一种"物趣触美"的生活心境。同时，这种有物件"用意美生"的情境方式，便又会反哺于生活茶事之美的物件花样与工艺形式。诚然，器物之美的生活用意是焕发我们审美情感方式的一种触摸好奇心与亲善持久性，也是律则其物件之美的内在秩序感与外在亲和感。换言之，其物件之用的样式，就是支撑着工艺之美的花样，也体现出器用之美的本意。

譬如说盖碗，作为冲泡茶的常用物件，由传统"盖、碗、托"的组合样式演变为现常见的"盖、碗"物件样式，而"碗托"则丰富多样化茶托形式的器物花样，无论在其工艺材料上还是在其茶托器式上，都实用、美观化了，并拓展了器物"底托"的广义性样式（方形、圆形、葵菱形、花瓣形等），尤其是有金属、木质、石质、瓷质材料，也还有木漆、竹编材料。同时，盖碗的功用性能，无论在其手捏握的舒适度方面还是其沏茶热冲的久留香方面

图 3-2 游鸭戏水刻画青瓷杯　刘谦制

都大有改善与优化。恰恰正是它的功用方便性、体验性、丰富性，细化了沏茶方式的"品、观、闻、触"之美境，也给予了茶人静心、赏观茶汁汤色与沉思醇香的一种高级有味的仪式性与精神化茶境。反观近些年来盖碗的工艺样式，虽然呈现出五花八门的潮流款式，但素雅、恬淡、含蓄的青白釉色花样依然久留于茶桌上，看似简单的花色，实则为优雅之色泽，更能有效地弱化茶人的花哨色欲，从而渐强他们专注于茶味汁色的演绎冥想。可见，盖碗的形态样式，无论是其结构的凹凸弧线、比例大小还是其胎体的厚薄轻重、花釉质色等构成方面，都要处理好沏冲、泡茶功能的实际需求，才不会分割开来其功能特性的实用性与美学性融洽关系。否则，它放弃使用性需求的同时，就会以花哨工艺样式的视觉刺激来吸引我们，也就会产生出奇怪花样之美的结果。

显而易见，物件之用的视知觉感受，不只是反映出其美的体验性与舒适性，体现了一种"物尽其用"的生活观念，还是反映出其美的持久性与亲近性，表现了一种"尽善尽美"的生活精神，给予茶人以赏心悦目的物件用意来唤起他们品茶叙事的生活情趣。倘若从人类审美认知经验上来看，物件之用的工艺方式和基本形式会自然地"提供了一些特定参数以供理解，塑造了我们的最初印象"[5]，也是显现出最有生活用意的纯粹性形式与美感。譬如说壶的风格特点与工艺样式，在以适应整体功能性的美学意义考量情况下，其实用性能对于它的美观表达至关重要，那么壶的内部结构（壶嘴、壶身、壶把、

触美

—

玩用赏器

壶盖）、材料特质（泥料、釉色、质地）、工艺属性（优美的装饰或者精细的雕刻）以及人机工程学的良好效益等综合因素来决定着其花样创新的核心理念，探索出其舒适度界限的一种既有"器用"的结构功能又有"器美"的装饰功能，从而才会体现出壶的唯美形式感与平衡秩序感。换言之，正是茶壶的功用结构性与严谨适应性，那么在其花样接受调整时，更多体现于"仅仅变化其大小，几乎无尽无穷地对其进行重复"[6] 的工艺丰富与平衡调整，赋予其不单调的生活样式与知觉体验。从另一层面上来说，茶壶的样式依然保留着古代的器物风格，同时，还以特定的生活惯例重复着视觉上微乎变化的器物形式，从而细化了我们只能在其的壶身部件进行有意味装饰方式来创造更加丰富的视觉效果，看似体现出富有人情味的生活用意，但也流露出世俗味的生活寓意。（见图 3-3）

当然，茶给予了物件之用的功能意义与美学秩序，也是渐熟了其茶器的适用样式与工艺方式之间的耦合关系，某种程度上反映出适用就是美的东西的一种生活信念与虔敬，否则离开了生活"用"的物件花样，就不会有其高级的美融于俗常的"玩味"茶事中。事实上，一件物美人心的茶器久留于茶桌上，更多贵在于它有美的生活用意，因为"只有基于'用'之美，才具备了坚实的基础"[7]。譬如说养壶之事，就是在茶壶有生活用意的功能基础上，给予了喝茶人冲泡茶时的一种玩味花样与趣事；某种程度上，这事的行为方式就是修炼他们"物我相生"茶境的一种生活形式与内容，同时也是精细他

图 3-3 古今　　吴鸣制

们"善茶待物"境界的一种生活玩味与感知体验，更是洗炼他们"触物游心"的一种重复、单调又优雅、完美的幸福感。反过来看，只有那些富有干净简洁、光滑饱满、平衡对称的造型结构性又有功用性的壶，才会让喝茶人习惯性用湿茶巾反复摩擦它的表面肌层，自然地渐显出其美的生活痕迹与日常记录。

其次，美意之情。美的茶器花样源于其漂亮、精美的外观特征，同时，又具有我们视知觉审美经验的愉悦感受。因为茶之静心赏观与物用品饮的生活特性，便会潜移默化地影响着我们择取茶器物件之美的内在形式与外在花样，便也就形成了器物工艺文化的基本美学特征。由此，器物的内在结构秩序与外在工艺属性，需表现出一种和谐有序又有亲和生活的"用"与"美"之功能属性，还需体现出一种明确化的形式内容与美学性的工艺方式，从而才会有物件"创造行为、思想、物质和技术交织在一个媒介中，创造出新的事物"[8]的时代美感与生活用意。譬如说裂纹开片釉色类工艺样式与风格特点，无论从其裂片状的大小、形态、釉色等特点上还是从其工艺特色的窑口、温度、厚薄等方面上来看，它不只有美的自然肌质纹理，也有美的天然人工雕琢与纹样装饰，还蕴含美的一种生活用意与玩味，那么喝茶人在品茶使用它的同时，又在视觉感受它的纹路渐显方式，由"无"至"有"的一种痕迹呈现与时间回应。当然，这种"日久见美"的物件工艺样式，给予了茶人更多深层"也许，打动他心灵的仅仅是一种暗示"[9]的美意，又充满了自我体验趣味的感知美。

换言之，茶桌上富有美意的物件从不是简单熟知的实用性茶器；相反，它们满载有意味审美的意义，其意义可以给予茶人做出多样化的生活玩味与鉴赏解读，来渐进他们生活审美精神的一种品饮物玩之心的自我方式。当然，任何喝茶人生活于审美艺术化、仪式性的品饮趣事中，或多或少都有一种"静思玩味那一点点浮光片影……于是悉心追索那浮光片影，因为我们渴望生活，而这些浮光片影感染了我们的生活"[10]的视知觉体验感受。同时，这种浮光片影的视知觉感受，却贵在唯美的物件样式衬托出奇幻的茶汁水色，又重在触美的"茶颜器式"所映现出的一种"物性我化"体验鉴赏感知力。倘若从物境的空间美学角度来看的话，那么茶桌上的茶器花样如同荷池中的荷花，需要我们有"高远、深远、平远"的仰观俯察方式来鉴赏、评价其样式与风格。营构与辅设茶室空间的物件花样形式，某种程度上就是尽善尽美自我的生活茶事与玩味格调。譬如彩色系的茶杯，在釉色的搭配上常以"杯内纯白的素色、杯外彩釉的花色"的工艺方式来表现出优雅、华丽又纯净、含蓄之美的花色样式，看似有点釉色妍丽的视觉刺激感，实则又有釉色对比的视觉效果性与整一性。尤其是红、黄、蓝、紫釉色类茶器，正是这种"内的洁白、外的艳丽"的釉色搭配工艺特点，不只雅化了物件花色丰富的高级美，平衡了物件花色对比的浓艳美，还增添了物件视觉感受的亲和力与吸引力。

　　诚然，生活叙事之美，看似是有滋有味的世俗生活，实则也包含了有情有性的喜好风格，自然会渐进"我们的反应来自其华丽和复杂，让我们想对

触美
一
玩用赏器

图 3-4 粉彩缠枝纹盖碗　紫云居制

其进行分解和探索，并且想利用其华丽将我们压倒"[11]的生活审美习性，并来渐浓着我们喜好"绚丽多彩"的物件花样与工艺风格。反过来说，正是品茶玩味的俗常美意表征，渐强了我们生活用意的种种物件工艺形式与花样内容，从而来补偿生活器物样式的视觉单调性与知觉情趣性，获取自我茶境的一种物式美意的饱满性与兴乐性。事实上，从器物装饰的全民性、集体性、符号性特征就可看出，其纹样装饰不只丰富了简洁、单一的物件形态，起到美化其外观形式感受的视觉效果，同时，也营构了精致、华丽的物件花样，又起到强化其工艺表现方式的视觉经验，来圆满着我们生活物件"以意构象，以象写意"的美学观念与精神理念，并承载着国民集体表征的符号性寓意与象征性意义的一种生活幸福理想，形成了大多数喝茶人趋向生活"大雅大俗"之物件玩味的文心与美意。倘若从日常茶桌上的茶器花样特点来说的话，仍然是那些有装饰纹样的物件较为熟悉多见，不只易让人动心、亲近喜欢，又易让人认知、奇幻生情；某种意义上来说，其装饰的美意早已是民族精神构成的生活形式与亲和力量，或许也是为何生活器物世界常见众多花里胡哨的装饰工艺样式之原因。（见图 3-4）

另外，合意之情。对物件的个性化意义，就是体现出喝茶人的生活审美习性特点，同时，也是反映出他们喜欢物件花样的独特审美情境与自我玩味物境。事实上，任何美的物件花样需迎合喝茶人的文心趣境，即有"合"他们品位的物件花样与工艺方式，或者符合了他们的视知觉经验感受，才会有其美的动人生情之玩味趣境与嗜好性情。当然，喝茶人的文心趣境自然会呈现出一种"合我之性"的审美偏好与认知偏向，从而赋予了物式花样的一种自我审美性情与有我鉴赏认知的风格趋向，也才会有生活物件之美的物我境生。因为"这种偏好是我们带入数据的东西，而非从数据中得出的东西。它会让解释变得清楚、明白，可见这种审美偏好也有某种认知效果"[12]，从而又会渐熟着喝茶人对生活器物花样的自我赏识认知和有我亲善喜好之表现方式。换个角度来看，那么茶桌上的物件样式特点与风格，不就是茶主人所呈现出自我唯美玩味的一种偏好认知结果，或许这种"风格即人"的鉴赏评价就是"物如其人"的一种偏好认知回应。显而易见，喝茶人对物件花样的一种偏好也就是个人审美取向的一种生活价值体现，更是器美之"物式与我趣"的融合统一基础，同时又随之空间环境、四季节气、风土人情、工艺方式等综合因素不断地蜕变着个人的审美偏好与鉴赏认知。譬如说缠枝莲装饰的茶杯，可有雕刻划花、青花、釉里红、粉彩、镏金等不同工艺方式进行装饰，它在图饰符号语言上虽有统一性的纹理样式，但在视觉审美感知上有雅俗性的生活趣式；事实上，其茶杯采用影青雕刻、划花或者青花就比粉彩、镏金工艺方式所展现出的缠枝纹饰之美要文气、雅意，而后者更要贵气、华丽。

　　不论是何种风格特点的物件样式，具备沏茶品饮功用的茶器通常都能够激起生活美学反应；某种程度上，达成了一种"物与人"的主从默契关系，也是喝茶人对物件花样的生活鉴赏"合意"的一种回应。换句话说，茶主人决定茶桌上的茶器所传递出的工艺特点与花样风格，并选择对其进行频繁的使用与赏识，那么这种选择的方式就带有着个人的喜好趣味与鉴赏能力来回应这些物件的"用意"和"玩趣"，从而才会升华为它们"物美人心"的知觉感受与玩味情境。其实，器物赋予了美的种种工艺花样，一定程度上就是满足于人们的审美偏好性与生活圆满感。另外，它又给予了美的一种生活境界与赏识玩味，意味着喝茶人要有"与追求生活之外的美相比，追求生活之内的美的方法是最为正确的"[13]境界，才体会到最耐人寻味的日常美物，更会贴近生活之用的物件花样与赏识认知，也就会传递出其美之有我生活交融的善意与圆满。譬如说青白釉茶杯，看似为简洁、单纯的样式，实则给予了喝茶人具有普遍审美意义的赏识认知和亲善喜好，也是反映出物件花色之美的合意性与圆满性。（见图3-5）

　　其实，爱美之心给予了我们每个人常常会"不断寻找你心爱的事物，不要害怕过了头"[14]，某种意义上就是美赋予了我们寻求自己合意的东西。显然，这种寻求自我归属感的物趣美心，渐行着喝茶人来择取"合"自己美意的物件，营造一种有我生活用意的器物世界与美学趣境，不只是成熟着美的"物我相

图 3-5 白釉杯 郭丽珍供图

生"，还享有着美的"雅俗乐生"。无论在其造型、图形、纹样、色彩方面，表现出具有民族性认同的符号样式和工艺特色，还是其结构、平衡、比例、空间方面，传递出具有生活化美学的圆满样式和叙事待征，并蕴含着美丽、幸福感的一种生活文化寓意与象征。事实上，茶事孕生美的形式与内容"在日常环境里，即在艺术之外的情况下，我们只接受最能满足我们意图的解释"[15]的同时，也是教化着喝茶人富有生活仪式感与认知体验感，来成熟着自我的玩味偏好和有我的美物嗜好，修炼出"有我之境"的物件花样。譬如说花鸟类题材就比人物类、山水类所表现出的图饰花样丰富，无论在其画面的写意构象、工艺的技法表现方面还是在其生活的寓意象征方面，都较为丰富多样又绚丽多彩，也更较为亲和人们生活的审美趣味与鉴赏玩味。

二

赏至景致

　　生活日常器物的花色样式不只反映出喝茶人的审美格调与文化涵养，还反映出他对美的鉴赏力与想象力。恰恰这种自我的鉴赏感知能力，是开启我们对美的一种生活经验认知的重要方式，因为"我们对于一切的外物，一定要靠托了感觉，才能知道它的存在"[16]。那么，一种赏识美物的感觉，更多是重在主体审美对象的趣味洗练程度，从而决定着他们对于物件花样兴起的种种审美精神活动与生活用意评判，来亲近、喜好它的玩用美趣。显然，正因每位喝茶者的趣味洗练程度不一样而形成了对美的鉴赏差异化与评判多维性，便也就多样化了日常茶器的风格样式与工艺特点。事实上，喝茶人有文心趣味的生活高级化，自然就会有格物玩用的美学哲理化、意境化，又反哺着他们日常品饮赏观的物境美趣，虔诚器物之用与美的生活精神，来享有茶美之"有滋有味"的茶汤与"尽善尽美"的茶器。某种意义上说，正是由"茶与器"和合成美的一种趣味方式来赋予喝茶人触物境生的想象力与创造力，也是渐熟他们对茶器物件之美的鉴赏力与亲和力。

　　换句话说，喝茶人决定一件茶器所表达自我审美趣味的花色内容，并选择对其进行赏识与玩用。事实上，这种对物件喜好的决择，不只源于"人的感官虽然是个体的，受生理欲望的支配，但经过长期的文化教养，也成为一种具有社会性的感官"[17]的审美经验感知，还源于他们生活趣味的雅俗趋向与洗练程度，何况"美的鉴赏能力的活动，第一是感觉，第二是感情，第三是判断。这三者，是趣味的要素。顺次地兴起，就是趣味的经过"[18]。换言之，喝茶者的玩味赏玩的一种生活用意方式，其本身的意义就是有我之情的一种"美心物趣"呈现，从而又精神哲理化了美之"物我相生"的洞察经验和"有我观物"的体悟境界，更多蕴含着美是"触动趣味理想完全发达的人们的一种东西"[19]。倘若从审美的视知觉感受上来说，正是茶之美的暗香浮动和光影交错，融汇了我们自然"天人合一"的鉴观情境与玩味兴趣，便也深邃了茶人日复一日的重复洗练自我的生活趣味又玩赏、堆积有我的物件花样，是茶之美物的生活反哺结果。

诚然，中国传统"以物观物"的生活哲理，不只给予了我们善美乐生的物境事趣，还强化人们渐入物我两忘的审美境界和物心至美的赏观体悟。总之，这种审美心理的文心趣境，不只是完美、丰富地淋漓于生活茶事中，还是尽善尽美地呈现于喝茶人的玩味情境中，来达成他们品饮赏器的"心物"一致性与整一性，传递出茶的汁色与器的花色所和合成一种唯美又兴趣的视觉鉴赏和知觉体验。与此同时，这种"以物观物"的生活视知觉体悟观，更多地赋予了"有我知美"的主客合一辩证思想，从而给予了喝茶人透过物的形色花样去洞察美的生活形式，来渐进着他们赏观、玩用的品饮物境与文心情境。从另一层面来看，正是这种渐美沁心的玩物意境，蕴含着茶趣物境之生活美的高级化赏观与有我美的情趣化感悟，并随之时间渐进且渐浓自我的体味，更加渐深了自我的透彻。因为"从这种绝对纯粹、透彻的立场出发，凝望着所谓多样性的世界"[20]，更多地会丰满自己审美感受的洞察力以及成熟自我鉴赏美物的想象力。

首要，有赏之心。为了享有茶汁美味，每位喝茶者常依靠自身特有的一种生活用意和审美经验来品饮赏观茶之美的种种形式与内容，某种程度上就是凭靠自己的一种直觉的理解方法来自我启悟、通达、感受美的方式。其实，嗜好喝茶的人，在日常生活的感知经验中都有物味美心的趣味，来享有一种其乐无穷的愉悦感与体验感。当然，这种玩物趣味的显现，不只是有他们日久生情的好茶物欲，还有他们常久有心的善茶美境，从而又渐行渐进着他们对美的鉴赏力与洞察力，并不断地洗练自己的高级趣味和内修自我的高雅趣境。毋庸多言，喝茶人只有"玩赏心"的生活日常，才有生活美意的乐趣，也才有"合心意"的物件花样陪伴着他们，并且在这个器物世界里对他们的视知觉感受给予了"尽善尽美"的愉悦和"悦目悦情"的贴心。无论如何物件的花色是触发我们视知觉感受之美的鉴赏力与奇幻感的先决性条件，也是呈现出茶人身心"以物观物、主客合一"之赏美境生的重要性因素，即达成他们身心共鸣的一种品饮玩用方式，走上自然又寻常的个人生活样式与审美特点。因为物件的花样不只是给予美的鉴赏力"根据欣赏者的经验或

触美
—
玩用赏器

知识构成了可接受或具有说服力的概念"[21]，还会"以某个特定的方式触及我们的感官时，我们依靠的是视觉刺激所别发的心理上的触觉、味觉、听觉及其他知觉"[22]。

诚然，釉色在一件瓷器的艺术美感中占有重要地位，我们不只能够以质色莹润之"玉的人格化精神"来玩用欣赏，还能够以质色工艺之"丽的世俗化文心"来玩物品赏，从而形成国民独具特色的赏观把玩之审美趣境与釉色感知。尤其当瓷器釉色的烧成工艺被历史叙事化为偶然又玄乎的"鬼斧神工"之美学观念，自然而然就赋予了我们会带有俗常化的色彩认知与鉴赏方式来亲近、触摸这些物件花色。譬如说红、黄釉色因在传统文化审美观念中视为皇家阶层嗜好之色，便也成为现今国民集体性、高贵性、喜好性的信仰之色，自然而然地渐熟了大众世俗化的审美喜好与生活玩用；从某种程度上来看，此釉色的茶器也迎合了平民视知觉经验感受的亲和性与玩赏性，同时又成就了他们尚求器件物色的审美偏好性与寓意象征性，还传递出其釉色工艺之"物色美器"的文心化境趣与中国色做派。显而易见，红釉色的茶器（杯、碗、壶等）不只迎合了美的大众俗常，还精贵化了色的高级工艺，自然会价格不菲。

事实上，纹饰也是呈现出瓷器之美的重要装饰方式，还是传递出民族集体审美经验的直观符号语式，更是蕴藏着我们易赏识与评判美的视知觉认知特征。换句话说，物件的纹饰花样，不只传递出一定公式化的审美认知经验和鉴赏要素，还蕴含着"其所有的表现都被显示为装饰性的事物，在这里便能看到美与工艺的深刻关系"[23]，更为美的一种程式化、俗常化的流传与表露。从某种意义上来说，它也是我们富有"亲近感"的重要工艺特质，并能够唤起我们有一种"归属感"的身心安慰与民族情结，又潜移默化地反哺于我们鉴赏美的一种"饰美绚丽"的器物特征。譬如说青花纹饰类型的茶器，是极有地域典型性的工艺装饰特色，也是极其富有民族情感性的图饰符号特征，便也成为美的一种优雅装饰工艺的认同感与亲近感，并以蓝色的花样丰富、变化着各类纹样题材又合适、圆满着器物装饰形式，来靠近着我们的鉴赏力，传递出"看时很美，用时令人生爱"[24]的趣境。显然，正是纹饰花样显示着美的漂亮器物，还给予了我们去赏识这些器物上所寄托着某种俗常之美与工艺之意。（见图3-6）

接着，有观之目。如果我们将一件茶器简化为线条和图形，我们就会审视其变化的节奏感，就有可能寻找其美的规律与秩序。某种程度上，无论是物件造型的轮廓线条还是画画装饰的纹样图形，是最易引起我们视知觉感受的经验归纳与赏识评判，自然便易触动大多数凡人对这些物件的触摸兴趣与玩用感觉，同时，又渐进了他们享有这种美的鉴赏力。当然，这种美的鉴赏力，更多贵在于物件有可观之处的样式与工艺，并重在于他们有唯美之心的洞察与玩味，才会渐行喝茶人"悦目悦心"的性情与快感来赏观物件花色。这就是"人们的审美感受具有直觉的性质，他在欣赏时并没有首先联系到实用的、功利的或道德的目的，没有自觉的逻辑思考活动"[25]的一种视觉经验赏识与

触美

一

玩用赏器

图 3-6 青花缠枝莲杯　陈伟制

观悟。譬如说汉字书于茶器物件的装饰样式，不只承传了民族书写的文心境趣，还记录着全民叙事的生活写照。倘若在欣赏这种装饰风格的物件时，我们通常不会最先考虑字体的书写风格与工艺方式，而是更多可观其书写字意的含义，是否贴近生活叙事之意境，尤其是较为俗常化的生活吉语或希冀用词书写，多以祈福、吉祥以及名人诗词等内容来承载着一种生活的特殊用意与理想叙事。（见图 3-7）

　　茶器之娴熟的纹理装饰与温润的釉色肌质，不只能带来丰富的感官效果，激发我们的玩味情感，还能带来丰富的工艺美感，会透过表面肌质的表现特性给予我们视觉与触觉的感知统一，会有直击人心的感觉，从而形成美的一种"赏心悦目"物趣情境。特别是陶瓷的纹理装饰特征，作为一种民族集体表象的美学活动，几乎完整传递到了今天的物件装饰样式，还总是围绕其在纹样表现中的传统工艺力量来赋予器物"艺脉文心"传递的花样风格，引起了我们的玩用兴趣，并成熟着我们"一目了然"的鉴赏力。这种俗常又漂亮的纹饰，不只是赋予了茶器具有某种赏观美的功用意义，还是支撑着这些物件具有一定工艺美的流传意义，来合适着我们生活用意之美，又反哺着我们正确地理解美的工艺与风格。换言之，正是这些工艺表现出的器物样式，才是成为我们赏观与识别其美的基础。某种意义上这种装饰美的视知觉力量，既源于对传统的凝思与赞美，又激发着我们对传统进行凝思和赞美，因为美的东西"一定是依附于传统的力量"[26]，能最好地保障我们美的鉴赏力与亲

图 3-7 心经杯 张国强制

近感，还能最大化物件花样之美的适应性与用意性。

坦然，日常生活物件之美的赏识，不只是流传着人类审美认知经验的呈现，还是演绎着传统造物方式的原发性、传承性、审美性之视觉感知表现，基本上以程式化、符号化、寓意化的共性写意观念来体现出多元的造型方式，特别是流露出写意性、象征符号性、装饰图案性等造物观念与视觉方式。那么，这种整体性的写意形式与美感，不只赋予了器物工艺表现的"具象写实""抽象写意""意象写生"之视觉语言特征，还赋予了器物用意表现的"尽用、尽善、尽美"之生活圆满感。换而言之，它蕴含着民众与生俱来"全化为'好看'的审美视觉尺度"[27]，从而又会自觉自性地融入自我生活的真善美的物境中，且达成有我物趣"共鸣"的心灵愿望。譬如说吉州窑的木叶盏，从其造物方式来看，显现出浓厚的装饰意味的"仿生"观念，通过特制处理的干桑叶放入施好黑釉的盏内，高温烧制成带有叶脉纹理结构的装饰图案，其美的纹饰虽带有先辈匠工的偶然性工艺美感，至今也一直承传着此工艺表现的风格特征，但它给予了我们内视心象造型的自然赏识性与诗意想象性。倘若它在陪伴着我们习茶品饮过程中，相信大多数人会有"一叶知秋"的静观美境，因自然界的季节物象早告知着人们富有一种"应目会心"的生活景致与赏观美意来感知觉世界万物，或许如王昌龄所观悟的"处心于境，视境于心"之景与色。（见图 3-8）

还有，有悟之味。好看的东西，自然蕴含其内在结构秩序的和谐之美，

图 3-8 现代木叶茶盏

并由其形式美的律则与节奏所传递出给人的合适、舒服、愉悦之美感。某种意义上来说，它更多体现优美的形式感，即有"情趣"或者"抒情之美"的花色样式，并也成为我们赏观美的一种高级评判方式，也是支撑着器物美的一种正确工艺方式。那么，无论是器物创制者还是使用者都会"按形式美的法则来构图，以达到圆满、流畅、明丽等优美效果"[28]，来鉴赏与评判物件之美的表现方式与工艺精神，丰满着器用于生活之美的时代意义与文心趣境。通常，我们会以优美的视觉感知经验与秩序律则来鉴赏日常的茶器美感，从其形式有对称、均衡、协调、光洁、明丽、多样的统一和谐性，来获取审美愉悦的一种温和、平静、舒畅、完满、乐生感。事实上，任何工艺表现的物体形式，需要有群体性极浓的文化属性与审美兴趣，还需有生活化用意的器用美学与律则秩序，才能形成单纯、舒适又亲善、精致之美，也才会给予喝茶人有意味的玩用与观赏。譬如说茶壶的样式，不只肩负其美的功用与赏观的生活工艺方式，还承传其美的技艺与创新的生活文心意境，蕴含着器物美学的典型性形象与秩序性结构，从而又渐成了其约定俗成的工艺之道，在某种程度上来说，由其"器用"支配着"器美"的造型方式，趋向其大同小异的器形与丰富多彩化的器饰之美的样式，或许这也是反映出物件花样为何装饰表现出争奇夺艳、变化无穷的审美意趣与特异意韵。

随着人类对美的律则与秩序的掌握，造物工艺越来越精致、熟练的同时，生活物件的样式也自然越来越丰富、精美。譬如说缠枝莲纹样，早已程式化用于茶器的图案装饰，也是在器物创制中普遍存在的一种审美心理感知过程，并不断地依靠传统纹饰视觉效果与技艺经验来流传与再生具有完美性、象征性、特色性的生活图饰纹样，也是承载着民族文化精神观念的典型性符号与唯美性含义。与此同时，这类纹饰所表现出的各种工艺形式感（青花、粉彩、雕刻、划花等）的茶杯或者茶壶，增强了大多数人尚求繁华、丰满之美的喜好与习性，还加深了他们玩用物件之趣的亲近与触摸，更是传递出"好看"之物真善美的统一。倘若从缠枝莲纹路变化的线条所引起快感来说的话，是最富有波纹曲线之美的优雅、舒畅、温和的视知觉感受，正如朱光潜先生曾在《谈美》中所言："眼球在看曲线时比较看直线不费力，所以曲线的筋肉感觉比致直线的筋肉感觉为舒畅。"[29]

茶器是茶人作为使用者、欣赏者、体验者能够亲身参与其中去视知觉感受美的"茶颜器式"与"浮光片影"。倘若从美的功用意义上来说，它更需茶人去赏识体悟其之美的工艺形式与生活用意，才会明白其花色样式的创制理念与器道精神。鲁迅先生曾说过："功用由理性而被认识，但美则凭直感的能力而被认识。"[30] 可见，面对茶器的各式花样，我们常会凭其生活之用的赏识经验与娴熟玩法，从而渐强了自己对其美的感知评判能力，并将其视作特定文化的工艺样本与体悟器道，并带有生活仪式感的艺术与日常体验性的悟理来展示其物件样式的用途和意义。换句话说，其特定的形式和工艺的样式，以一切从属于沏茶品饮的功能用途方式，来获取美的表现途径，无论从其器物的造型、装饰、材质、釉色等特征上还是从其器皿的大小、方圆、厚薄、粗细等方面上，以及器制的工艺文化、符号寓意、生活习性等因素上，都是要体现出民族文心趣境。总之，我们便会有俗常的认知能力和赏识水平来审视、亲近有意味的器物样式；与此同时，我们又会运用美的法则来评判其用途的工艺合适性与美学时代性，并反哺于我们常用的敏感性来应对其物件花样的流变与鉴赏，从而会考虑物件美的自身转向茶人的个性喜好、茶器的整体风格、茶室的营设铺陈以及茶事的时空体验与器件花色之间的关系，来增加日常茶饮赏观的一种审美体验的深度与价值，走上茶艺精神的生活器物世界。

最后，有余之生。器物美学的"内敛、含蓄"呈现，不只合适着物用之美的寻常、踏实，调和着物美之生的秩序、韵律，还流传出物我之境的平和、亲善，更是给予了我们唯美的文心诗意和唯善的中和大美。事实上，文心诗意的生活美学，不只"适用于我们大多数人对自然的共同的审美知觉"[31]的同时，还唯美了我们生活渐行着"自然的审美性质提供了一个自足、平静、安宁的田园生活的背景，并且培养了个体的道德品质"[32]的"和合自然"观念。换而言之，茶器的种种花样物色，并没有像大型雕塑、绘画等具有宏大的生活叙事与现实的视觉感受，且更多有生活"小情小调"的玩味享乐与触物游心，又流传着自然的古色与工艺的古意。其实，这些生活用器带有一定现实生活用意的韵味，也有着具有博厚悠久审美的趣境，又散发出雅俗乐生的大美。譬如说十二花神杯，虽是康熙王朝创制的生活用器，这种极具代表性的物件样式，也是富有生活时空叙事方式的美学观念，结合中国时间节气的赏花趣境与生命意义，在同形状的白瓷素胎杯上彩绘十二种类花草，某种程度上，不只体现出了生活用意的唯美浪漫感，还显现出了格物赏观的生活仪式感与时空观。如今有些茶人从其美的鉴赏玩用意义来择用十二花神杯营设于茶桌上，它们虽为现代仿制品，但不只有其工艺之美的古雅、余韵，也有器用之美的古韵、精善，更有生活之美的文心、诗性，又融入物我"情景交融"的一种时空生命感的启悟与玩味。（见图 3-9）

图 3-9 青花十二花神杯　张斌绘制

　　茶会让人们富有"寓物游心，物我一体"的物境的同时，赋予出生活静观品饮方式的一种"化景物为情思"的审美趣境，也营造出生活茶事美学的赏观仪式感和虚实空间感。那么，茶器的物件花样常以"喻小见大"的空间景致来介入茶席的营设美景中，衬托茶室空间美学的铺陈叙事与静意赏观，并带入我们身临其境于"情景交融"的器物世界。虽然，欣赏美景或美物时，易形成"物我两忘"的主客体合一的鉴赏情境，但人们自然的感知经验会渐入自我"触景生情"的意境。无论何时茶给予了我们生活"有滋有味"的享有情境的同时，也给予了茶人自我"触物生情"的文心趣境，便也自然地渐进了他们善美的鉴赏力和触物的想象力。譬如说茶叶末釉色的茶器（杯、碗、盏或壶承、茶洗等），其釉色呈现出似如嫩绿茶叶粉末点状且均匀密聚成一种虚实相衬的颜色，尤其覆盖在简洁流畅的器物造型上面，不只表现出恬静、清爽、单纯的质色美，又显现出田园、质朴、柔和的自然美，还流露出仿生写意之美的鉴赏力与想象力，更有贴近自然美色的亲近感。倘若我们俯视这些釉色的茶器物件，有时候便会联想到荷塘清池中的嫩荷浮萍之景色，近观它们时，像茶叶碎末成芝麻点状的有规律且又无序地排列成自然无穷无尽的斑斓色彩。换言之，这种釉色有意味地弱化了人工雕琢的痕迹，又有色之美的生命气息与诗意感受，则余生了巧夺天工的趣境与玩味。（见图 3-10）某种意义上，其仿生自然色就意味着"不论我们如何地在'文明化'的人工环境中成长，在我们的心中，都对离自然生活状态不远的原始单纯性有一种生来的憧憬"[33]。

其实，茶之美给予了我们生活"这过程里有已然、当下和未然"[34]的一种玩味静思与赏观体悟，还给予了我们塑造"依茶择器"的一种美学仪式与生活趣境。可想而知，茶席是营构器物之用与美的静态呈现方式，也是演绎茶境之美与诗的雅趣余意，并具有"完全是为了营造一个抚慰人心的背景，不会转移人的注意力"[35]的场感生发，更多地凝聚着喝茶者一种美的"静心雅意"又"鉴赏体悟"的物景境生。事实上，茶席不只调和了物件花样形式的秩序美感，又赋予了茶器视觉效果的悦目舒心之感生，还抒发了生活品茶叙事的诗情画意之余韵；某种程度上看，它就像是一组精心布置的静物画再现，并唯美人心。显而易见，茶席肩负着传递美的茶器花色样式之生活用意，还融和着亲近美的器物情境景生之生活诗意。无论怎样的器件花样，它都能

图 3-10 茶叶末釉色盖碗　陈伟制

艺术化了器之美的用意性与赏观性，又情境化了茶人之趣的玩味性与诗心性。换个角度来看，正是器物之用与美的叙事意义，成熟又完美了生活仪式感的物趣与玩味，才富有茶席营设器物组合空间美的一种"应目会心"与"情景诗意"的回应。譬如说一把素朴的紫砂茶壶与几只绘饰青花图案的茶杯，以及一只玻璃公道杯，不只是构成了茶器物件的搭配样式，也是寻常于大多数喝茶人的用器风格。无论怎样的器物花样，不只是完美地演绎出其沏茶饮用的功能意义，还和谐地传递出其花色质材的对比统一，呈现出其质朴与细腻、光滑与枯涩、花哨与纯净等对比又丰富的美感与韵味，但又和合境生出各类器物组构出茶室空间"古雅、秀丽又素净、纯朴"之美。因为"在这里，单纯、力量、美感被结合在一起。诱惑我心的是其无尽的魅力"[36]。（见图3-11）

图 3-11 刘钦莹茶室

三
触至我心

　　对于大数人喝茶者来说，日常生活中的茶器花样虽有些司空见惯，平淡无奇，即会有"视而不见"的感觉，但有些花色样式会传递出亲近的感觉，又会有种赏识、触摸的感觉去理解它们。显然，恬美、温润的茶器，不只呈现出自然完美性的釉色质地与纹理饰样，还体现出精心工艺性的器型样式与器皿用意，从而使我们视知觉感受到美的流露与赏识，会有达成"心物一致"的共鸣感。其实，器物常有美的触感之生，某种程度上恰如"在艺术作品中人情和物理应融成一气，才能产生一个完整的境界"[37]。反过来讲，这种物美境生的心理机制形成，不只是源于我们"通过感性形象来达到对普通意义的把握"[38]的审美经验累积与透彻启悟，也贯穿着人们"一向不是单纯地从物的属性上去寻找美，不把主体与客体截然分开去孤立地认识美、评价美"[39]的鉴赏力与洞察力，来启发喝茶者自己从生活茶事"美物与我心"的境界中去感知美的形式与内容，又渐行着其格物的日久生情。当然同样的物件花色，因每个人的喜好性特点和鉴赏力差异，自然会有人持有不同的视知觉感受，但所有亲近、贴心的茶器都会展现出其尽用又尽美的心物感生情趣，即为体现出好用又好看的物我生活境界。

　　其实，茶器之用与美的高度契合，显现出了生活用意的真实与美好，自然就会赋予我们兴味索然的感受力量与鉴赏评判，因它蕴含了美的物件花样贯通着"历史人类发展的表面世界与精神世界之间有一条清晰的界限"[40]。事实上，这条界限恰恰又暗藏着"艺脉文心"的生活器道思想与工艺时代精神，来反哺于我们"唯有追求基本原理与一切事物的普遍规律，才会找到美，秩序与自然的法则"[41]。相对来说，即在这种器物样式"恒久稳定又连绵不辍"的不断演进深化来完美生活的真实用意与新颖动人，因为生活的用意不只成熟着喝茶者对美的鉴赏力与想象力，还修炼着自己"寓物游心"与"物我相忘"的胸怀意趣，自然就会渐行着器物"形美、色美、画美，放置在桌上给人以快乐之感"[42]的生活趣境与风情。

当然，生活茶器之美的诚心善用，流露出不只有寻常、务实的工艺方式与舒适、静意的鉴观感受，更有俗常、熟悉的符号语式与尽用、极美的精致风格。那么，它才是体现出"有心营造"的生活物件花样，并会给予喝茶人怀着唯美我心的赏观与玩用之物境，来享有它的生活用意，并会渐入自我"超脱物外，深入内里"的游心境趣。换而言之，因其器物工艺流传着"自然的材料、自然的工艺、质朴的心境，是产生美的本质性的动力"[43]的同时，又有其生活永恒用意的敬念所散发出"最美的作品在任何时候都会让人有新鲜的感觉。即使时代久远，其美依然常新"[44]的本味。从某种意义上来说，正是它们的生活用意，维系着其工艺传统力量的某种敬意与虔诚，从而才会领悟到器物美的一种恒久又生息的真理。譬如说纹样就是集合了民族传统的外化表现与内在思想，像缠枝莲纹、祥云纹、龙凤纹、回纹等，它们虽是古代的风格样式，但仍是现代的生活样式，还承传着最有传统的符号记忆又有现代的鉴赏文心之美，更是给予了我们富有恪守美的物趣花样和亲近美的物境感生。

图 3-12 青釉茶盏 拾玉窑

　　一方面，触摸之感。如今喝茶越来越有生活仪式感，同时，也越有了艺术化品饮活动的玩味情趣，更有生活艺术化、体验化的触物赏心之情境，也会愈加渐强喝茶人对美的鉴赏力与亲和力；某种程度上，它也便愈加增强了他们赏观玩味的情趣化，因为"欣赏也就是'无所为而为的玩索'"[45]。显然，这种赏观玩味的情趣化活动，主要反映出其物件样式完美地与茶人达成一种主从的默契感与叙事感，又从其外在的美感形式向内在的生活情境深入自我的审美境界，并传递出真正的赏玩愉快感和体悟成就感。然而，它从而又以"物用美趣"之日常重复式的功用力量与触摸玩味性的赏观意义来反哺、激发我们的内心深度与嗜好习性，某种程度上就是喝茶人在生活有意味的物件秩序中重复、娴熟着他们自己的一种文心事趣与静心启悟，来不断地提供自我内心情境的一种美学意义性的触物感生。譬如釉色质地的晶莹、温润、肥脂，不只给予了我们赏观它之美的冰肌玉骨，还赋予了我们触摸它之美的自然天性与亲和热情，因它本身带有无穷深远的亲近感和温润感，又洋溢着优雅余韵之美，似乎单纯且又欣慰。（见图 3-12）

坦然，凡生活用意之物件，都会有我们触摸之感受，自然会有美之回应的力量与生活的痕迹。事实上，只有我们常常去触摸、赏用的茶器，自然会视为它们寻常贴心又耐人寻味之美的东西，因为它流传着人类工艺思想的经验智慧与美学观念，又实现了个人生活审美的物性体验与心性体悟，才真正意义上富有美的生活叙事与生命气息。因为茶器之美的本真、本色、本味就是源于"所喜爱的物品只是依我的直观来感受其美，其中有许多是与我长时间共同生活的日常用品"[46]的鉴赏感知。譬如说茶器（杯、碗、壶），其造型样式基本上虽呈大同小异的形状表现，某种程度上就是受其生活实用性的内部结构和适合性的人机工学两方面的功能要求与制约，又律则着其器型的奇异创新；但其纹饰釉色的表现丰富多样，又奇彩无穷。事实上，其物件花样的变化就是人类不断地善美又精细适合于用途的工艺结晶，又流传民族工艺精神的生活文心与时代用意。无论是图案纹样、书写绘画还是名类色釉，都是归属器物之美的装饰范畴，故装饰的种种工艺方式便是器物形态的丰富强化与流传创新之美的重要途径。恰恰正是这些器物的装饰，不只是让我们似乎熟悉地看到其美的潜在意义，又有熟知的审美经验来鉴赏其美的常新时代，便也是赋予太多凡人对永恒之美的亲和与赞赏，从而才会易让喝茶人爱不释手地久用与触玩。

倘若因美的鉴赏缘故，我们会自然地流露出对生活物件样式的审视赞赏与喜好玩用，便会潜移默化地形成"物如其人"的一种物趣玩味风格。事实上，这是美深藏于人心的生活回应与自然道法，便也是启发着喝茶人趋向一种"有我物用与无我物心"的高级化审美境界。于是，我们便会在寻常久用的茶器世界里享有美的触动情生，体味到"这永恒的反复似乎是幸福的一种积累沉淀"[47]的物我相忘。譬如说潮汕工夫茶的蛋壳杯，其杯不只有小巧玲珑又薄如蛋壳的工艺之美，还有单纯之美的简洁、饱满造型与素白、纯净釉色，尤其是在茶汁汤色的衬托下格外显露出其温馨、秀雅、幽静之美，倘若我们拿起此杯茶品饮时，自然会流露出其物美之"应目会心"的感受与"触物情生"的共鸣。（见图3-13）事实上，越是单纯、极致的工艺越会有表现出简洁、洗练的物件，也是越有美的自然纯朴又简逸大方，因为单纯的工艺保障着器物的健实、质朴之美，还体现出器物"复杂不如单纯，美不会要求迂回和复杂"[48]的生命力量之美，更是给予了我们亲善器物的触摸之美。

另一方面，触点之兴。日常茶器之美的物样花色，无论其形饰、质色的外在形式还是其精致、娴熟的工艺表现方面，某种意义上来说，贵在它们的"内在的合理性"，又重在它们的"外在的鉴赏性"，才有我们"乘物以游心"与"为情而造文"的物我之境来玩用、赏观。显然，茶人的物心趣境，贵在自我"要知道幸福并不常伴，而是不断有规律的间歇，因此在它持续的期间，就需要一种睿智"的生活用意与鉴赏觉悟。[49]事实上，能持久陪伴着茶主人的茶器，一定有它极其纯真的实用和纯粹的美观之外在的表现形式，同时，又有它极其深远的触摸和超然的启悟之内在的体验感应，才会有爱不释手的深层意义，

图 3-13 蛋壳杯 拾玉窑制

才会流露出有我玩用的一种"超然物外"的美心与敬念。譬如说志野釉烧的茶碗，依然保留着古色的拙味余韵，又透露着手工捏制的痕迹感，因釉色烧制时呈现流动状态下所形成厚薄的色质层次感变化，特别在胎体含铁杂质的斑点陪衬下表现出极有质朴、单纯、古雅的人工自然美，并随之茶主人的饮茶常用，逐渐显露出茶汁渗透于裂片缝隙里所形成"金丝铁线"状的纹理美。那么，对于喝茶人来说，这种人工造化的自然釉色，又叙述着生活用意的痕迹美感，若常放在茶桌上会有玩用不腻的触摸感与体悟感，或许它又更易"深深抓住人的注意力，因为它有一种随意的丰富性及岁月造就的斑斑锈迹、道道划痕"[50]。

归根到底，所有这些茶器的花色样式，都是为我们沏茶品饮的方便功用同时，又给予了我们静心品观的一种美的鉴赏力与想象力，还是"为了供人沉思冥想，尽情沉浸于世界之美，这种美超越了美丑对立，或隐藏于该对立之下"[51]。换而言之，正是这些茶器物件俗常于生活的意义，当它们成为茶桌上的主角时，已超越了我们对美与丑的绝对怀疑，而是更多乐生出游心触物的叙茶美境，因为"只有离开了所有的怀疑，美才能够得到保证"[52]。譬如说茶壶，常见有陶质无釉的素朴和瓷质釉色的细腻之美的各种壶样，又是司空见惯的物件样式，但又有五花八门的创制花样。事实上，当它放置在茶桌上，大多数人从未立足于美与丑的对立角度来审视与评判它的价值，而是更多地回应着我们生活的叙事意义与享乐趣境。因为壶的造型样式已是成熟又可靠的器物功能意义，自然会被约定俗成化为器物传统典型化、程式化、纯粹化的审美经验方式与鉴赏评判方法，也便是常人理解它之美的最初印象与触感生发。

现实生活的器物世界里，倘若我们有一种"对自我或是热爱的事物，他们都充满人文的目光"[53] 的话，自然会有一种"你觉得美，于是你怀着审美的眼光注视它"[54]，那么我们自身就会充满人情味的触物情趣来赏识善用这些东西。因为这些日常的东西，是美的文心哺育，又是美的情境传递，更是美的工艺流传。换个角度来说，茶器的生活用意就是体现出一种物我"应目会心"的触点感发与有我"善美乐生"的叙事境趣，从而又会反哺于我们有一种"看时很美，用时令人生爱"[55] 的生活鉴赏力，来获取自我之美的时代意义。譬如说十二生肖图案纹样，既是民族集体性的审美表征，又是生命人格化的寓意象征，自然就承载着人们生活永恒叙事的一种善美乐生观念，也支撑着传统工艺文化的某种固定形式与装饰内容。诚然，在茶器上采用绘制、划花等工艺方式来装饰十二生肖图案的符号语言，不只方便了大多数人欣赏之美，又寄托着某种寓意之美，更是流露出我们对其物件花样富有美的永恒之相的赞赏与尚求。（见图 3-14）

还有，触心之见。平常心的喝茶之道，不只反映出生活茶事的宗旨与律则，还反映出品饮趣事的真诚与本心。换个角度来看，它会渐进了大多数人随心所欲地赏茶玩用的物境游心，同时，又会渐强了他们对美的鉴赏力趋向俗常

图 3-14 青花斗彩龙纹盖碗 陈伟制

平庸化，自然而然会渐浓了花里胡哨的物欲美心。或许这种"平常心"之玩物观念，看似带来大多数人随心所欲的生活享有美好，并未情有独钟于物件的生活深意，实则"只有少数人真正地迫切地渴望他们认为自己想要的东西。大多数人碌碌一生，从没彻彻底底做过一件他们真正想做的事件"[56]。某种意义上来说，这种生活的茶事心境就会少有意味的自我沉思与有触心的物我相生，也就不会呈现出有我之美的个性贪念与功利享有，便也易靠近美的平常、简单又有平凡、单纯，却更多带来我们有种平常境地的力量来审视着物件之美的鉴赏与亲善，正如日本柳宗悦所说"喜欢非凡器物的人们，是没有余暇去回顾'无事'的深度"[57]，或许这就是器物之美的最终归宿。事实上，生活俗常化的茶器样式，就已显露着美的工艺特质与亲近兴趣。

当然，茶人面对自己所用的茶器物件，不只要有自我鉴赏力的变化无穷和有我丰富性的玩味感情，还要有物我相融合的契合度与舒适感，并达成"物用尽美"的茶意境界，便会有"应目会心"的器美浮现与"浮色片影"的汁美幻现。其实，享有茶之滋味美意，则蕴含着"对所有人而言，滋养幸福之树的汁液不是青春，而是生活本身"[58]的意义。因为物件在生活本身的玩用过程中，并又在美的鉴赏与体验的认知经验下，人们可能会洞察、觉悟到它们的一些花色样式，尤其是当它们勾起了我们生活的回忆，自然就会激发出个人某种怀旧意义的叙事情境与人生感受，便也就获得了某种触物境生的象征意味和喜好偏向。就如近些年仿古样式的茶器特别盛行一样，因为这些带有时代意义的工艺特点、装饰纹样以及形色质材，都具有美的精致、古雅之余韵，同时，又有用的舒适、温和之善意，自然就会给予我们跨越时空的方式，以"博古往今"的再现意义与创新观念，来流传着美的一种"回应传统的古色和对应现代的古雅"时代样式。从另一层面上来看，这类仿古味的茶器不只是因它们有"好看又好用"的鉴观玩用意义，而是因为它们与民族工艺的典型性、地域性、精湛性以及民族情感的乡土性、恋旧性、信仰特等因素相关联，尤其是青花纹饰、珐琅彩饰、镏金纹饰等工艺方式所表现的风格花样，或许中国人对器物的鉴赏与喜爱，完全是由其纹饰花色所陶养出来，并渐向美的文心境趣。（见图3-15）

虽然我们都会有美的鉴赏力，识判着生活茶器的种种花色样式，自然会带有自己审美方式，去留意身边所用的物件，也会渐显出一种"可能把你拉近，可能把你推远"[59]的触物生情感受，但这种感受又是修炼自己学会留心观察着身边的茶器物件所带来的生活用意与觉悟。事实上，在大多数的喝茶人眼里，往往最易靠近他们的东西便是那些堆砌纹饰花色或者俗常老套样式之类工艺样式风格。因为这些物件花样，直观地给予了凡人更多"眼见为实"的鉴赏力与"生活为美"的幸福感，又能透彻地享有品茶玩用的快乐滋味，这也就是反映出游心所物的生活本意"而美从不沉闷，美流露于各处"[60]，便也是给予了我们寻求自己真正心爱的东西之生活美。与此同时，爱赋予了我们"格物致知"的外在洞察能力与内在体悟方式，从而成熟着我们自己"移

图 3-15 青花斗彩如意花草纹盖碗 张斌制

情而生"的感知力来了解美的本质意义，因为"这种观点开辟了通往美之世界的可能性"[61]，还能"从某些民众使用的平凡器物上，能够感受到最高级的工艺之美的至玄理法"[62]。譬如说带盖的茶杯，对于喝茶人来说，是办公室或者会议室必备的生活用器，看似国民司空见惯的物件，但它寄托着一种中国人嗜好茶的方便之美和享乐之心。

总而言之，茶器的花色样式要达成其"用与美"的和谐默契度，自然会带有某种固定形式与工艺表现，无论从其形、色、饰、质等的本身形象方面还是其时代、空间、生活的叙事意义方面，都是具有意味的鉴赏美和有用意的体验感，才会渐进我们喝茶人的物趣横生，并渐浓我们的亲善感与想象力。某种意义上说，它被放置在茶桌子上，不只是流传美的一种生活用意趣境，是呈现美的一种空间画意诗境，还是展现美的一种自我喜好情境。但这种美的鉴赏力贵在于生活茶事修炼着茶人富有爱的传递，来触物玩用与游心启悟，渐向大美相生。

注释

[1] 梁一儒、户晓辉、宫承波 . 中国人审美心理研究 [M]. 济南：山东人民美术出版社，2002，第 177 页 .

[2] [美] 丹尼斯·J. 斯波勒 . 感知艺术 [M]. 史梦阳，译 . 北京：中信出版集团，2016，第 15 页 .

[3] [美] 彼得·基维主编 . 美学指南 [M]. 彭锋，译 . 南京：南京大学出版社，2018，第 98 页 .

[4] 梁一儒、户晓辉、宫承波 . 中国人审美心理研究 [M]. 济南：山东人民美术出版社，2002，第 177 页 .

[5] [美] 丹尼斯·J. 斯波勒 . 感知艺术 [M]. 史梦阳，译 . 北京：中信出版集团，2016，第 155 页 .

[6] [美] 丹尼斯·J. 斯波勒 . 感知艺术 [M]. 史梦阳，译 . 北京：中信出版集团，2016，第 130 页 .

[7] [日] 柳宗悦 . 工艺文化 [M]. 徐艺乙，译 . 桂林：广西师范大学出版社，2006，第 144 页 .

[8] [美] 丹尼斯·J. 斯波勒 . 感知艺术 [M]. 史梦阳，译 . 北京：中信出版集团，2016，第 14 页 .

[9] [日] 铃木大拙 . 铃木大拙说禅 [M]. 张石，译 . 杭州：浙江大学出版社，20013 年，第 104 页 .

[10] [美] 罗伯特·亨利 . 艺术的精神 [M]. 张心童，译 . 杭州：浙江人民美术出版社，2018，第 139 页 .

[11] [美] 丹尼斯·J. 斯波勒 . 感知艺术 [M]. 史梦阳，译 . 北京：中信出版集团，2016，第 142 页 .

[12] [美] 克里斯平·萨特韦尔 . 美的六种命名 [M]. 郑从容，译 . 南京：南京大学出版社，2019，第 106 页 .

[13] [日] 柳宗悦 . 工艺文化 [M]. 徐艺乙，译 . 桂林：广西师范大学出版社，2006，第 186 页 .

[14] [美] 罗伯特·亨利 . 艺术的精神 [M]. 张心童，译 . 杭州：浙江人

民美术出版社，2018，第 221 页．

[15] [美] 彼得·基维主编．美学指南 [M]．彭锋，译．南京：南京大学出版社，2018，第 118 页．

[16] [日] 黑田鹏信．艺术学纲要 [M]．俞寄凡，译．南京：江苏美术出版社，2010，第 52 页．

[17] 徐恒醇．设计美学 [M]．北京：清华大学出版社，2006，第 144 页．

[18] [日] 黑田鹏信．艺术学纲要 [M]．俞寄凡，译．南京：江苏美术出版社，2010，第 84 页．

[19] [日] 黑田鹏信．艺术学纲要 [M]．俞寄凡，译．南京：江苏美术出版社，2010，第 75 页．

[20] [日] 铃木大拙．铃木大拙说禅 [M]．张石，译．杭州：浙江大学出版社，2013，第 76 页．

[21] [美] 丹尼斯·J. 斯波勒．感知艺术 [M]．史梦阳，译．北京：中信出版集团，2016，第 82 页．

[22] [美] 丹尼斯·J. 斯波勒．感知艺术 [M]．史梦阳，译．北京：中信出版集团，2016，第 83 页．

[23] [日] 柳宗悦．工艺文化 [M]．徐艺乙，译．桂林：广西师范大学出版社，2006，第 166 页．

[24] [日] 柳宗悦．工艺之道 [M]．徐艺乙，译．桂林：广西师范大学出版社，2011，第 236 页．

[25] 徐恒醇．设计美学 [M]．北京：清华大学出版社，2006，第 145 页．

[26] [日] 柳宗悦．工艺文化 [M]．徐艺乙，译．桂林：广西师范大学出版社，2006，第 161 页．

[27] 杨学芹、安琪．民间美术概论 [M]．北京：北京工艺美术出版社，1994，第 143 页．

[28] 杨学芹、安琪．民间美术概论 [M]．北京：北京工艺美术出版社，1994，第 106 页．

[29] 朱光潜．谈美 [M]．北京：作家出版社，2018，第 169 页．

[30] 徐恒醇．设计美学 [M]．北京：清华大学出版社，2006，第 145 页．

[31] [美] 彼得·基维主编．美学指南 [M]．彭锋，译．南京：南京大学出版社，2018，第 309 页．

[32] [美] 彼得·基维主编.美学指南 [M].彭锋,译.南京:南京大学出版社,2018,第 309 页.

[33] [日] 铃木大拙.铃木大拙说禅 [M].张石,译.杭州:浙江大学出版社,2013,第 100 页.

[34] [美] 罗伯特·亨利.艺术的精神 [M].张心童,译.杭州:浙江人民美术出版社,2018,第 188 页.

[35] [美] 丹尼斯·J.斯波勒.感知艺术 [M].史梦阳,译.北京:中信出版集团,2016,第 154 页.

[36] [日] 柳宗悦.徐艺乙,译.工艺之道 [M].桂林:广西师范大学出版社,2011.第 261 页.

[37] 朱光潜.谈美 [M].北京:作家出版社,2018,第 99 页.

[38] 梁一儒、户晓辉、宫承波.中国人审美心理研究 [M].济南:山东人民美术出版社,2002,第 77 页.

[39] 梁一儒、户晓辉、宫承波.中国人审美心理研究 [M].济南:山东人民美术出版社,2002,第 254 页.

[40] [美] 罗伯特·亨利.艺术的精神 [M].张心童,译.杭州:浙江人民美术出版社,2018,第 71 页.

[41] [美] 罗伯特·亨利.艺术的精神 [M].张心童,译.杭州:浙江人民美术出版社,2018,第 71 页.

[42] [日] 柳宗悦.工艺之道 [M].徐艺乙,译.桂林:广西师范大学出版社,2011,第 252 页.

[43] [日] 柳宗悦.工艺之道 [M].徐艺乙,译.桂林:广西师范大学出版社,2011,第 194 页.

[44] [日] 柳宗悦.工艺之道 [M].徐艺乙,译.桂林:广西师范大学出版社,2011,第 208 页.

[45] 朱光潜.谈美 [M].北京:作家出版社,2018,第 147 页.

[46] [日] 柳宗悦.工艺之道 [M].徐艺乙,译.桂林:广西师范大学出版社,2011,第 217 页.

[47] [法] 克里斯托夫·安德烈.幸福的艺术 [M].司徒双、完永祥、司徒完满,译.北京:生活·读书·新知三联书店,2008,第 142 页.

[48] [日] 柳宗悦.工艺之道 [M].徐艺乙,译.桂林:广西师范大学出

版社，2011，第214页．

[49] [法] 克里斯托夫·安德烈．幸福的艺术 [M]．司徒双、完永祥、司徒完满，译．北京：生活·读书·新知三联书店，2008，第144页．

[50] [美] 克里斯平·萨特韦尔．美的六种命名 [M]．郑从容，译．南京：南京大学出版社，2019，第135页．

[51] [美] 克里斯平·萨特韦尔．美的六种命名 [M]．郑从容，译．南京：南京大学出版社，2019，第129页．

[52] [日] 柳宗悦．工艺之道 [M]．徐艺乙，译．桂林：广西师范大学出版社，2011，第276页．

[53] [美] 罗伯特·亨利．艺术的精神 [M]．张心童，译．杭州：浙江人民美术出版社，2018，第74页．

[54] [美] 罗伯特·亨利．艺术的精神 [M]．张心童，译．杭州：浙江人民美术出版社，2018，第99页．

[55] [日] 柳宗悦．工艺之道 [M]．徐艺乙，译．桂林：广西师范大学出版社，2011，第236页．

[56] [美] 罗伯特·亨利．艺术的精神 [M]．张心童，译．杭州：浙江人民美术出版社，2018，第105页．

[57] [日] 柳宗悦．工艺文化 [M]．徐艺乙，译．桂林：广西师范大学出版社，2006，第126页．

[58] [法] 克里斯托夫·安德烈．幸福的艺术 [M]．司徒双、完永祥、司徒完满，译．北京：生活·读书·新知三联书店，2008，第145页．

[59] [美] 罗伯特·亨利．艺术的精神 [M]．张心童，译．杭州：浙江人民美术出版社，2018，第67页．

[60] [美] 罗伯特·亨利．艺术的精神 [M]．张心童，译．杭州：浙江人民美术出版社，2018，第104页．

[61] [美] 克里斯平·萨特韦尔．美的六种命名 [M]．郑从容，译．南京：南京大学出版社，2019，第61页．

[62] [日] 柳宗悦．工艺之道 [M]．徐艺乙，译．桂林：广西师范大学出版社，2011，第82页．

第四章

雅俗乐生

诚然，无论从民族的感知、表象、想象、情感、体验等审美心理过程来看，还是从民族的习性、地域、风俗、工艺等文化精神特征方面来看，"雅"与"俗"的生活文化观念不只支撑着民族审美心理需求的理想精神与文心趣境，还流露出民族造物工艺方式的时代样式与生活玩味。

倘若茶汁是流动的音色，那么茶器就是静生的音色，正是这种生活美的音色让我们在日常茶事享有一种"津津乐道"的滋味的同时，又富有一种"雅俗乐生"的趣境，并伴随着茶人的终生。显然，中国茶事的乐感文化精神，某种程度上，正是民族审美的"雅俗"心理结构所形成了生活文化的互融完整性机制，从而构成了全民族共同"雅俗共赏、共生"的审美理想，并反哺于人们现实生活的物件花样之审美趋向与工艺方式，并也玲珑、透彻着茶人的审美情趣从"由俗至雅"或者"由雅向俗"的可能界限来丰富多彩化的生活用意与本味。

诚然，无论从民族的感知、表象、想象、情感、体验等审美心理过程来看，还是从民族的习性、地域、风俗、工艺等文化精神特征方面来看，"雅"与"俗"的生活文化观念不只支撑着民族审美心理需求的理想精神与文心趣境，还流露出民族造物工艺方式的时代样式与生活玩味。伴随国民日常品茶玩味的"自然口味"向"文化口味"的审美高级化与趣境化，同时又渐"俗"渐"雅"了我们"静观品赏"的一种生活"格物明理""博物善美""游物我心"的文心观念，又反哺于茶人嗜好茶器物件的种种花样工艺与形式特点，自然就有生活茶器之美的花花世界。

一

俗味之乐

　　平时，晚上偶尔有空会去几家制作茶器的朋友店里喝茶，常常聊些关于景德镇近期什么茶器样式好卖的问题，让我听到一句最真实又有意义的话："越是最俗气的东西却是卖得越好。"其实，此话也让我沉思、明白什么是生活美物的真实性与本味性以及生活工艺的国民性与特色性等一系列问题，也更让我体悟到"俗"意味着生活乐生"美"的一种伟大生命力。事实上，"俗"味的物件样式，不只具有深厚的民族集体审美特征，还具有喜闻乐见的符号形式与生活内容，并潜移默化地扎根于民众审美认知经验的生活观念内。

　　反观生活"俗"味的东西，则是最靠近我们平日寻常之用的物件，也是最富有贴心、亲和之美的物式。或许唯美玩味的茶趣便是诚实表达自我的茶境，则也是中国茶文化的生活精神与民众方式，这便是"俗"味的茶事会更多留下我们快活、美满又自由、轻松的生活滋味与美意情趣之境界。因为"俗"味的物件花色，易让我们接纳它、传递它，也易让我们体味到一种幸福之爱的生活美物，而"这种爱显然对获得幸福十分有利，因为它给予的多，索取的少，它放松而不是加以约束，并为对方的幸福感到快慰"[1]。

　　显然，任何生活文化精神的审美趣境与玩味方式，都是中华民族整体文化的派生物。则之，"俗"与"雅"的民族文化审美特征自然就是反映出全民性、群体性的国民性文化精神与生活观念。恰恰"俗"意味较为浓厚的生活器物样式，却较有绚烂、浓艳、繁满的纹饰花色与风格特征，又较有生活喜气、乐观之气息，自然就富有一种生命强烈性的生活色彩感与美好幸福感。

虽然"美是由美好事物射放出来的东西"[2]，但茶器之美的种种花样更多地取决于它所流露出的生活用意与美好叙事。若从生活物件之美的欲望程度上来看，其美得花里胡哨越实足却越会激发我们享有它的欲望与贪念，同时也就充满了我们对其俗味工艺精美的赞美与钟情，又赋予了我们一往情深地渴望与拥有其美的生活意义与玩味体验。

首要，俗之花哨。相对于"雅"之恬静、优美的物件花色来说，其生活茶器的花哨样式，无论是其物件的色彩斑斓、图案纹理还是其物状的轮廓线条等，都会带有浓厚的艳丽、繁杂的堆积之"俗"的市井化情调。显然，茶器作为生活实用物件，其"俗"味之美，更多地表现在其物色与物饰的花里胡哨。当然，从人们视觉审美经验与感知心理角度上来看，器物的装饰花色比其造型轮廓的视觉美感更易直观、直接地映现出物美的兴奋与触点。或许因"人类对色彩与线条的审美感受具有共同性：色彩偏重于感觉，偏重于生理；线条偏重于精神，偏重于心理"[3]之主客观因素，那么物件的色彩花样是最易吸引我们的眼睛注意力与视觉感知力。同样，各种图案纹样又是民族集体审美情结的直观形象载体，自然也是最易亲和我们的视觉认知经验与审美文化理想。显而易见，物饰花色的工艺样式是体现出茶器之美的重要始向：艳丽会显"俗"味浓重些，而妍丽会显"雅"意浓厚些。（见图4-1）

无论如何花里胡哨的生活物件，都会向我们呈现出器物工艺的视觉样本和技术成就，又包含了大多数工艺美术的共通特征和美学风格。某种程度上，

触美
—
玩用赏器

图 4-1 紫荷鎏金盖碗　李丹制

花哨的物式美就有些类似于"喜剧引起的笑声释放了脑内啡，这是由大脑释放的一种化学物质，会增强免疫系统"[4]，因为花哨的物样蕴含着更多生活物件之"俗"味的快感与乐生。譬如说青花斗彩工艺样式，创烧于明代成化时期，由釉下高温青花勾线和釉上低温红、黄、绿、紫褐等颜色涂彩，形成了装饰色彩浓艳、纹样层次丰富的画面感。当然，这种花哨的纹样色彩流行，不只与当时市井文化审美的主流性和发达性息息相关，还与尚求世俗化的主题题材渊源相关。反观近几年青花斗彩装饰的茶器，基本上以宝相花缠枝纹饰来用青花勾线、布饰，看似承传了传统工艺样式，但主要采用红、黄、绿色来平涂绘色，很少选用紫褐色来调弱色彩的对比饱和度，更加增强了茶器物色的绚丽、浓艳，也更多极致化了其"俗"的花里胡哨之意味。还有，质朴自然的紫砂壶，有些匠工非要在其壶体上结合景德镇粉彩工艺的装饰手法，在画上有点胭脂粉气的牡丹花、荷花、菊花等花草，看似能在茶壶陶质胎体上进行粉彩描绘的工艺手法蛮有创新的物件样式，也有点让人感觉其物色的猎奇又怪异之美，实则是走上"奇技淫巧"的新颖与花里胡哨的工艺，更是具有求新典型性的一种"有雅渐俗"审美方式。（见图4-2）

当然，世俗化的审美认知经验自然会给予器物色彩的各种寓意象征与用意解释，同时也带有审美习惯性的联想感受与生命意义，这样就会呈现出"有人将色彩跟心境联系起来，构建出了各种解释体系"[5]的花色特点与评判定义。譬如红釉色（钧红、祭红、郎红），代表着中国色的典型色彩，无论从其色

图 4-2 彩绘壶 懿色制

的寓意象征（比喻红火、喜庆的吉利色彩）上，还是从其色的视觉感知程度（浓艳颜色的感官刺激）上，它承载着国民生活的美好幸福感，又富有纯艳、亮丽又活跃、流动的视觉颜色，同时又因红釉色瓷器的烧成工艺难度性与烧制成品稀有性等历史综合因素，被视为民族高贵性又尊贵性的釉色样式。那么，它或多或少蕴含着物件美色的神秘性叙事与世俗化观念。其实，有些茶器制作者，并未考虑其器内釉色与茶汁汤色两者之间互渗互融的颜色赏观性与纯净性，反而在其器外、器内都烧制成红釉色，看似淋漓尽致地表现出红釉物色之美，实则贫弱了"茶颜观色"的视觉感知趣境，同时也渐浓了茶器物色的花哨"俗"味。或许我们就会明白两年前景德镇产制的一款花色样式（由红、黄、蓝、绿、紫、青、白等釉色自由搭配成五种高温颜色釉）的套组茶杯为何有那么人喜欢，某种程度上，就是其物色的鲜艳、亮丽又构成了一种具有视觉心理审美的刺激效果，从而又增强了我们去触摸它们的感官反应与温馨回应。恰恰色彩丰富又明快的器物花色，其样式虽有点花哨的工艺表现，但会渐俗又渐强喝茶者"靠托视觉及移用于视觉的触觉的"[6]审美情趣与玩味快感。

其次，俗之圆满。花哨的物件样式，虽然有"俗"味十足的特性，但具有十分鲜明的全民性，却带给我们生活纯真的感悟和生命意义的欢乐，同时又是体现出民族精神的一种审美心理的圆满观念与乐观信念。无论从其器式画面的装饰题材方面，还是从其器型造型的对称结构方面，都体现出浓厚的图饰符号程式化与饱满的空间形象整体性之审美表象，也隐现出其样式之美的一种生活世俗化的丰满寓意与圆满象征。恰恰又正因为中国文化精神始终贯穿着儒、释、道三教合一成"中和之美"的传统美学思想下，从而形成了中国生活文化"以'心'为道德的根源，以'生'为一切价值的基础"[7]的一体两面的完美性与圆满性。从某种程度上来看，俗文化的物件花样就是写意着中国文化的一体两面性的生活方式与审美意义。这样，茶器的种种物色形式与饰样内容都会凝聚着全民审美理想的"生命繁荣"精神，自然便会反哺于其器之生活"用与美"的圆满性象征观念与符号性程式花样，并富有群体意识的美学样式与象征寓意，又会代代相传。譬如说吉祥类题材纹样（十二生肖纹样、龙凤纹、婴戏图、缠枝花草纹、云水纹、万花图等），具有历史悠久、博厚典型的世俗人生主题性内容，但正是这种符号图式的"言志寄情"的象征性与圆满性，构成着器物美学的整体工艺方式，并已超越了历史"古与今"的时空观念与文化语境。（见图4-3）

诚然，器物的一种有意味的装饰样式，不只鲜明地蕴含着审美对象"主体的侧面，则造成精神的文化历史"[8]，又体现着民众生活世俗化的"有图必有意，有意必有吉祥"的审美喜好性与圆满观念性。则之，缠枝莲纹样作为一种常用的经典装饰图案，无论从器物装饰样式的饱满性与完整性角度上，还是从纹样结构样式的自由性与统一性角度上，都体现出器物之工艺的和谐唯美性与秩序圆满感；同时它又有强大的融他性，可缠绕各类吉祥花卉、凤

图 4-3 青花缠枝莲杯 陈伟制

鸟、文字等，可最大化地承载着民众审美理想的"祥和瑞气"观念。其实，这类纹饰也是最有普遍审美意义的群体性喜好样式，譬如青花缠枝纹、粉彩缠枝纹、划花缠枝纹、鎏金缠枝纹等各种工艺表现方式，看似为一种简单的构架纹饰，实则是极为自由布局又丰富变化的圆满性纹饰。换个角度来看，它不只有种"永恒的饰美"的生命魅力，还有种"世俗的唯美"的时空昭示，因为其造型形态会表现出形式"有对称、均衡、协调、光洁、明丽、多样的统一等等，造成安详、平静、舒畅、轻松、完满等审美愉悦"[9]。尤其是红、黄、蓝色锦地缠枝莲装饰的珐琅彩茶杯，仍沿袭传统工艺方式，其花样虽表现出奢华、富贵、繁满之装饰美，同时也流露出泥古的玩味庸俗之气与博今的圆满世俗之味。

当然，传统纹饰样式越是具有浓厚、鲜明的吉祥寓意功能，当被我们越是丰富地择取、运用的同时，某种意义上，这些茶器样式便会愈加有一种民族强烈的审美世俗化与尚求圆满性之叙事意义的时代感。或者正是爱美是人的本性，同时也给予了我们创造生活物件样式的美好寄语与乐观宿愿，或许这也是生活俗味之美的东西所存在的本质力量。显而易见，语言文字早已视为一种传递生活叙事的视觉符号性、象征性、趣味性的装饰方式，又是极其自由表现的一种简便、直观性书写装饰的视觉形式。譬如常以各种工艺方法（青花、雕刻、镏金等）来文字书写《心经》呈现在各类（茶杯、茶碗、茶壶、茶洗）器皿上，其样式不只体现了视觉符号化的文字装饰之美，还反映出文字叙事化的装饰圆满之意，并"以字写事，以器载文"的审美趣境来传递着民众世俗化的生活信念与幸福观念。另外一种是将"欢喜""顺心""静心""净心"或者二十四节气字名等之类明理叙事词语来书写在同样大小茶杯上，其文字的装饰意义更多是在直观性告诫喝茶人需持有一种生活平常、乐观的待茶精神，同时其装饰的用意，也不免带有世俗圆满性的审美教化功能。事实上，其"俗"意味着"因为人性的自身，是价值的根源和归宿"[10]。（见图4-4）

　　接着，俗之丰富。随之茗茶种类的丰富与品饮方式的细化，饮茶样式的茶器也众生万彩。显然，茶汁物色的丰富多样，会渐进又渐浓了茶人玩味方式的嗜好性与世俗化。但从玩物趣境的角度来看，正是这种生活物欲之美的玩味兴趣与丰富体味，给予了美的花色样式"人可以从秩序或混乱中发现美，但是更为重要和普遍的是，他可以从秩序和混乱的某些结合中反现美"[11]之工艺方式与丰富途径。当然，在某种意义上，其工艺样式丰富化的同时，自然也会始向"俗"气的花里胡哨。特别是近十年茶器（杯、碗、壶）的工艺样式，无论其釉彩花色还是其纹样装饰方面都比过去的形色花样较为丰富、精细了许多。譬如高温颜色釉类茶器，一方面在釉色种类的丰富多彩化，像红釉色（玫瑰紫红、海棠红、珊瑚红、石榴红、樱桃红、绯红、胭脂红、霁红、朗红、铁绣红等），提升了其釉色之美的工艺表现力与审美多样化；另一方面在釉色装饰的表现多样化，像各类釉色组合与重构烧成淋漓五彩抽象写意画面后，再在此釉色变化某处稍添置些具象性的花鸟草木、山水人物等

图 4-4 二十四节气杯　郭丽珍供图

方式，来表现"一物一景"的美丽画卷；诚然，这种工艺表现不只艺术化了釉色窑变出自然千色万象之美，还巧趣化了釉上新粉彩工艺的精细美，同时还体现了其技艺之美的巧工与其釉色之美的神奇，又增强了茶器"远观近品"的玩味性与赏识性。显而易见，这种高温釉色类的茶器，看似有"色彩有耐人千寻、探之不尽的魅力"[12]之美的丰富表现，实则也有五彩花色杂生之美的媚俗艳丽。

显然，因紫砂壶的功能特性，贵在其"用"的沏茶冲泡使用性能和捏拿方便舒适，则又重在其"美"的圆润、饱满形态和单纯、朴素质地。恰恰正是其用之美的简朴表面、洗练造型，给予了茶人生活赏观玩味的喜好兴趣，同时沏茶好用的壶类仍依然是传统几大造型样式，若从其器物样式的流变层面来看，其形态造型变化微乎其微，而其纹样装饰则呈现出一种丰富多样的工艺样式与风格特点。倘若从中国工艺文化史来看的话，无论是其器物的民族经典样式还是全民族的审美符号表征，都体现出强烈又浓厚的装饰意味，也反映出民族文化精神的一种审美偏好与习性，并渐老渐熟地反哺于我们生活器物样式的"重饰"工艺思想，既渐生了茶器装饰的丰富多彩，同时又滋长了物件花样的文心"俗"意。从近些年来紫砂壶盛行的花样来看，主要以"诗、书、画"主题性内容题材，采用若干工艺方式（阴刻剔雕、色泥填彩等）来进行壶体装饰，譬如说择取唐诗宋词的部分名句来字刻装饰，选取传统书画中的小品人物、花鸟、山水画等部分特写来剔刻装饰，还有利用各种色泥掺

164

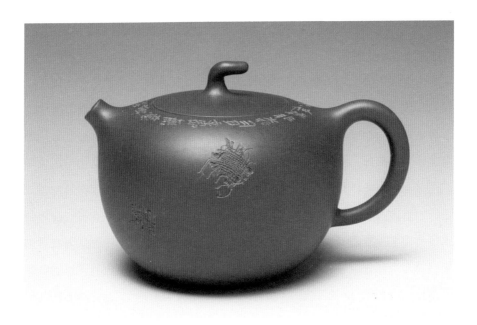

杂绞混成五彩斑斓的纹理来镶嵌装饰；则之，其工艺看似丰富了紫砂茶壶样式，实则雅俗化了茶器之美的形式与内容，也是体现出中国人尚求"诗情画意"的生活叙事趣境。（紫砂壶图 4-5）

　　龙泉窑以肥厚的青釉色著名，有单纯、莹润、雅静之美的工艺样式。或许正是这种青釉肥腻、纯粹的工艺特色，当有一天匠人试想去丰富变化其花样，其美的简逸、洗练之器物形色也便会渐向复杂化的工艺秩序，某种意义上就是人类审美认知的一种策略与经验，因为"最基本的生命冲动，是创造出某种东西来使我们从混乱中找到宽慰，清理出某个空间好让我们可以呼吸"[13]。显然，在普通人的眼里，其简单又单纯之中蕴含着物件花色的高级美，并非给予他们一往情深地保持此简洁极致的工艺形式，反而会去堆积些工艺内容（世俗化的吉祥图案），来精雕细刻些纹饰图案丰富茶器的工艺样式。譬如有款不知何人创作的茶壶，其简洁流畅的造型在青峰翠色的釉质的辉映下会显现出一种清爽、静谧的物色美，反而在壶盖上满雕如意祥云纹并延伸至壶体上半部分，看似精美又丰富了物件花样之美，实则花哨又俗生了物件工艺之美。同样，有盖碗也有类似的工艺复杂化堆积，主要体现在其碗盖或盖钮上精雕些吉祥类纹饰，尤其是其底托口沿部分，设计成如意祥云纹和海水纹类图案进行雕刻装饰，但在单元纹样组合自然完整性的图饰从而有意识剔刻掉多余部分，形成了器物口沿部分参差不齐，看似体现出其图饰的纹路完整性与流畅性，但又复杂化了器物的口沿圆滑性与平整性，也贫弱了其"用"之美。（见图 4-6）

还有，俗之兴乐。物件样式中的一种符号性东西，不只会经常作为我们对其物样之美的提醒物，还会常常作为我们对其玩味之趣的记忆物，才会作为生活审美愉悦的对象物来赞美与虔诚。其实，美物引起喝茶者们的静观赏玩的唯一方式，不只是贵在他们的沉思，还是重在他们的兴乐，才会传递出他们喜好物件花样的爱欲与期望生活美意的幸福。事实上，俗味的工艺花样，带给了器物之美的多面性与弹力性，不像其单面性的形式样式在审美吸引力上会很快褪色。无论在器物之美的风格时效性还在花样群体性上，"俗"味

图 4-6 龙泉窑莲花刻划茶具 黄顺明制

的文化美学思想支撑着全民性的生活方式，又泉源着国民性的审美认知经验与品茶雅事兴乐。显然，"俗"味的器物样式深藏着美的生命规律"人类精神具有一种自然的驱动力，在复杂环境里发现或设置秩序，在看似杂乱无章的数据中把握完整的形式和可理解的模式"[14]。恰恰在这样的文心境趣中，对于茶器工艺样式来说，能为现实世界的生活物件提供新的可能性与潮流性。譬如有关"繁华富贵"寓意象征性的纹样图饰，无论是采用珐琅彩、粉彩或者刻花镏金工艺，还是青花斗彩、堆捏雕刻工艺，来进行装饰在茶壶、茶杯、壶承等器皿物件上，都会赋予一种美的工艺形式之圆满与敬畏，因为这种符号的图饰样式早已物喻着民族生活情感的世俗人生与兴乐精神。（见图4-7）

俗文化的审美趣味，引导着生活美的形式与内容会带有一种和谐、欢愉的乐生感。正因茶人静观玩味审美对象物，同时，也富有了他们物美人心的触摸兴趣与雅玩兴乐。换言之，茶事给予了我们这种"兴奋至极点后，往往就有沉静的发现"[15]的物境，又会反哺于其花色物式的工艺理念与技艺方式，来显示着器物工艺之美的形式与内容，并能够以小见大地显示出其有限的用意至无限的美意之工艺力量。与此同时，正是这种工艺力量传承着民族群体审美方式的善美兴乐观念，来寄予美的生命信念与理想期盼。从而我们便会潜移默化地带有世俗意味的"生命繁荣"祈求观念来衍生着一系列成语、意象、纹样程式化的符号图语，并反哺性传递在茶器的种种样式中。譬如荷花就是全民性喜好的主题题材，不只有美的形式表现，还有美的内容体现，更有美

图 4-7 珐琅彩杯　紫云居制

的比德附会，无论在中国绘画史、工艺美术史还是在陶瓷史上都留下万象众生的花样与大美乐生的意趣。显然，生活茶器（杯、碗、壶、罐等）物件的画面装饰使用这类题材蛮多，尤其是荷花与花鸟、山石等结合类题材图样较为常见，并采用各类工艺方法（划花雕刻、釉下青花或者釉上新彩、粉彩、古彩、鎏金等）来表现出器饰之美的大雅又大俗，某种程度上，也流露出一种符号样式的集体审美表征与美好象征寄寓。

诚然，一种质色美的内容也可足以使人兴奋，物件的金属质色，不只会增添了美之绚丽多彩的韵味，也会焕发出美之珠光宝气的俗味，还会体现出美之色泽锤炼的古味，也便会给予我们视觉感知富有一种微光映射的审美兴奋与昭示。虽然我们不知为何会有如此的反应，但其金属色的视觉力量会深入我们的内心世界并触动我们如此兴奋。事实上，从近些年的茶器工艺样式来看，有一种美的高级玩味就是镏金装饰法，常见于器物口沿或者盖钮、把柄等部位描金边，还有在器身部位镏金各种图案纹饰，体现出黄金色的精贵之美意和俗味。尤其是在祭兰釉、霁红釉、黑釉上面装饰镏金，格外显露出器物之美的华丽、炫耀又奢华、贵气，同时也反映出世俗生活审美的兴奋趣境与工艺特点，也表明着茶事的兴乐玩味世界就是凡人从日常的世俗生活进入了高贵的美趣物境。可见，带有浓厚金属色的花样物件让人兴奋又喜爱的原因，或许含有"环境中有某样东西，可以感染所有的人，让人们一时进入意想不到的完满境界，换言之，让他们的心收合"[16] 的深层

心理感知活动所为。（见图4-8）

最后，俗之快活。"美欲的满足，就是趣味的满足"[17]，也是美至人生快乐的意义。显然，茶人久用的茶器，某种程度上，它的花色样式迎合了主人的物欲美心之趣境，自然就会赋予美的亲和力与愉悦感。倘若茶是生活美的雅俗玩味趣事，自然也就是世俗生活本真、本味、本色的重要传递方式，更是给予了我们身心快活的美感惬意。如果生活器物样式过于附庸风雅的明晰、理性、简单的话，会贫弱了茶事俗众的生活情趣与善美乐生。换言之，正是平民化、通俗化的器物样式，无论从器用于生活精神的美学意义上，还是从器美于民众心理的共性特征上，都贴近了民族生活用意之美的日常自然、轻松、欢快、乐生感。譬如珐琅彩茶器，其特点体现出精细、繁满的装饰之美，从其工艺样式的创制历史来看，因它源自过去帝王阶层文化的精英美学，带有浓厚的高贵、奢华、精湛的工艺文化意义，另外从其工艺样式的技艺方式来看，因它择取最贵的工艺材料和选用最好的匠工绘制，带有浓重的贵气、奢侈、精琢的工艺创制身份，自然而然是平民百姓所喜欢、享有的一种物件花样，更是体现出世俗生活意义的一种美欲快活方式。可见，这就是仿古的珐琅彩茶杯为何在今天照样成为抢手货之原因吧，它不只最大化地赋予了"古与今"的时空穿越，还有"它既肯定了世俗的精神性，又肯定了精神的世俗性"[18]。

某种意义上，茶事是最大化实现"只有取悦自己，才能取悦别人"[19]的

图 4-8 银杏叶镏金 许润辉制

静观赏玩之生活方式。无论是茶汁的汤色滋味还是茶器的花色饰样，都会让人其乐无穷地去回味美物的余韵。那么，茶器花样的形式与内容是传递着生活品茶玩味的物质媒介，也是体现出生活美学叙事的重要载体，无论以何种物件样式的空间构置与铺设陈列，都是在触动、升发喝茶者"物我相融"的茶境之美悦与快活。譬如近一二年较为流行形似海棠花、桃花、莲花、菊花类物状的茶杯，尤其是杯口制成大小花瓣组成葵菱形状；则之，其美的工艺样式虽再现了中国传统经典的仿生造物思想，传递着民族人格化比附的符号象征，但也复杂了器物形态的造型简练美感，同时又显现出喝茶者的一种"慕古"的喜好与"仿古"的样式之审美趣境，也还渐显出"俗"味的文心写意。当然，紫砂壶样式沿袭传统仿生塑像的器皿造型蛮多，无论在花果类题材内容上，如荷花、牡丹花、梅花、寿桃、葡萄、南瓜等，还是在工艺表现形式上，基本上以抽象写意的仿生方式来丰富其造型与美趣，同时又寄予了民众生活物趣的喜好寓意与欢快情结。（见图4-9）

　　对于喝茶人来说，享乐不只是品茶之美的一种生活尚求状态，也是赏茶之美的一种物件玩味境界，才会有生活茶事"众里寻他千百度"的滋味与趣境。显然，日常习茶不只陶养了我们喝茶人善美于静观、玩味、寻乐的器物世界中，并沉思与体味着"茶颜器式"之美的东西，还隐藏着"如果我们自己不变成美的，我们就不能前进到美的尺度之上"[20]生活快活的深意与感知。譬如说生活中有些茶人喜爱玩年代久远的老茶器，而这些人会告诉我一句貌似

图 4-9 青花杯　懿色制

合理的话："老茶杯比起新杯盛放的茶汁滋味会形成格外美汁口感。"其实，此话更多地传递出物件主人的一种神秘玄乎的嗜好与自我沉醉的享乐之意，同时也流露出他们生活"俗"意的一种"古色无法被仿制出来，磨损的表面有着某种时尚感"[21] 的快活玩味。因为老物件本身就跨越了其历史的用意与古今的工艺，则其美的存在方式更多重在今日茶人待它的生活形式，某种意义上，伴随着岁月的痕迹昭示，它又回应着我们对其样式的体味与欣赏，来获取些新奇的发现与想象，或许这就是"一物三生"的写照。

中国器物文化的深厚、博大、悠远，自然就会众生出有人喜爱"阳春白雪"的"雅"之器和有人喜好"下里巴人"的"俗"之器。恰恰后者的器物样式虽有花哨之"俗"味，但它有亲和之生气，用俗话来概之为"接地气"三个字。事实上，茶器物件的花里胡哨样式，不只是反映出民族生活文化的集体审美写照，也还是滋养、哺育着我们善美、乐观精神的文化土壤与生活源泉。

二

雅意之性

"雅"相比较"俗"而言，其物件样式自然没有如此花里胡哨的视觉审美感知，更多表现为简逸、洗练、清静、空灵、幽远、诗意等物件样式的格调与美意。虽然，雅俗之分，二者自古就带有褒贬二义或者高低等级的文化观念与审美偏见，并潜移默化地被人们视为"俗"为基本层次的文化美学和"雅"为高级层次的文化美学，但这一对审美范畴又会以"由雅入俗"或者"由俗渐雅"的生活文化趣境，来反哺于我们生活日常陪伴的器物花样。诚然，习茶是全民性的生活品饮玩味之事，自然就会众生出茶事之美的平民通俗化与文人高雅文化；则之，高雅常视为茶人生活玩味之美的品位象征，也是承载着他的文化涵养与物境美趣。换言之，有品位的茶人自会有美的趣味与雅的文心，那么也会有高雅、精致的器物陪伴着自己习茶行事。在某种意义上来看，雅美的文心物境，就是茶人精善美的最高标准趣味，也是律则自己善美待物的一种洗练趣境。因为一种高尚的趣味，就会反哺于茶人择美的物件样式与洗练程度，否则，茶桌上的物件器皿"有时以为最多趣味的东西方面，恰含有俗恶低级的趣味的"[22]美感。

当然，雅器的物件样式，不只有一种美的古雅、典雅、高雅、文雅、优

触美

一

玩用赏器

雅等呈现，还有一种美的洗练、深远、意蕴显现。无论从茶器的造型、质色、纹饰等花样方面还是茶器的简逸、洗练、空灵、幽静等审美感知方面，都会体现出视觉感受的一种含蓄、温和、清静又简练、精致、温雅之美的意境。事实上，器物样式的风格由雅与俗的文化构成着中国工艺特色的若干存在形式与表现意味。则之，雅与俗相比，无论在器物之美的形式上还是在工艺之美的表现方式上，较为更有精致、文静的格调，也反映出茶人有较高的文化涵养与生活品位，并散发出"儒雅"的精神气质。换个角度来看，因"雅更趋向高深和规范，它往往是经世代相传和加工提炼的文化形式，反映了文化积累和一定品位"[23]，那么器物的工艺花样会随之规范的审美秩序与洗练的塑造程度，并且超越粗浅、庸常的世俗审美趣味，来提升美之纯正、典雅的高级性。

虽然，雅的文心，会更多地给予茶人对世俗的一种摒弃与超然，又会给予他们对物件花色的一种挑剔与苛刻，也便易让自己陷入生活极致之美的纠缠与烦恼，自然就会贫弱了茶事需有一种欣赏平凡的品位去融入每天的日常生活。可见，茶可培养出喝茶者从生活文化品位的基础审美至高级审美的不断地精善、拔高，而在这渐"雅"意的审美升发过程，也会易渐行着"不断让自己的审美体验服从于用自己的语词所构建出的一整套品位标准，并把自己视为其审美文化之集大成者"[24]之自我美学孕育的生活范式。因此，"雅"意味着美之物件样式的超凡脱俗，同时，也是成熟着茶人的物心趣境由"粗意的乐美"向"精致的善美"的渐进过程。若从物件样式之美的生命时空性与多样性来看，"雅"意味着美是"以小俗见大雅"至"由大雅融小俗"之生活修炼过程，也才是其美的工艺力量与生命活力。否则，一味"雅"化的物件花样，看似对它的赞美与推崇，实则易极限化茶趣美境的单调形式与乏味内容，也就扼杀了茶美乐生的"情"与"趣"。

首先，雅之物性。茶之雅的意境，也需精致、优美的器皿物件组成和谐、清静的器物空间，来营设一种雅韵、意蕴之美的情与景。显然，花里胡哨的样式就是平庸、粗俗化茶人"雅"趣的重要生活方式，也是始向浅薄格调和粗野美学的重要生活显现，并也远离了美的大雅之堂。反之，茶器物件的花色样式越靠近自然物性的和谐美越接近纯真、素净、高雅，因为自然物性的种种精微趣味会给予物件之美的更多"乃造平淡"意蕴，也会赋予物件之性的更多"味外之旨"想象，并易渐向美的恬静、幽深之余生。譬如说，青釉色、蓝釉色为冷色系，会给人一种"冷静、幽远"的视觉审美感受，红釉色、黄釉色为暖色系，却会给人一种"温暖、贴近"的视觉审美感受，前者更易有"古雅余生"之美，后者则更易生"通俗有余且含蓄不足"之气。事实上，从生活茶器的风格样式来评判的话，花里胡哨的东西更多偏暖色花样。另外，从其工艺装饰手法来看，青花、影青划花就比镏金、粉彩、珐琅彩要静谧、雅韵些。某种程度上来说，"雅"意味着"我们在世界上看到的那种内在纯粹性（纯洁性）并不是人抽象出来的"[25]东西。同时，更多去感受它的自然物性深度，也是有效地阻止我们过于人工雕琢美的"俗"生。（见图4-10）

图 4-10 青釉刻划装饰纹杯 刘谦制

当然，物件的纯朴意义，并不代表着它一定有美的优雅之气。因为粗野、浅薄、幼稚的工艺物件，看似有纯朴生气的器物样式，实则是文化美学素养不高的匠工者所创制的生活物品，从社会意义上来说，这些纯朴的茶器满足了普通大众化需求的廉价物件，从美学意义上来看，它们迎合了平民最大化审美的生活趣味，并非源自美的工艺方式的高级性和精制性。显然，它们贵在有美的纯朴劳作方式与生活用意，但并未有美的纯朴雅韵与文心境趣。或许这也是为何民用器不能踏入大雅之堂的内在原因吧。显然，任何物件的花色样式，虽有其工艺材料的自然纯朴性，但更要有懂美的人去有意味地深掘、精制它的物性，赋予高级美的一种工艺表现，才会传递出"雅"的格调与韵味。换言之，正因"美是由美好事物射放出来的东西，就像光一样；事物之美取决于它所释放出的东西"[26]，那么这些东西才会从生活俗常的工艺样式中脱颖而出美的一种高级优雅。

倘若一种自然物性的美被不断地拔高、放大的同时，也是文心精神象征的重要化身之物。莫过于玉石，它不只有人格美的比德附会观念，还有质色美的天人合一思想。显而易见，温润、幻美的玉质，赋予了美的一种文心雅玩之生活趣事，它也"领导着中国的玄思，趋向精神人格之美的表现"[27]。瓷是人造的玉石质色，某种意义上，正如宗白华先生所言："瓷器就是玉的精神的承续与光大，使我们在日常现实生活中能充满着玉的美"。[28]诚然，瓷质釉色的自然美，赋予了器物的种种色泽与魅力，也给予了物件质色之美的赏观与触摸，同时，也会通了我们仰观俯察美的高级化深度与生活化维度。譬如青白瓷的自然釉质色泽，素有"类冰类玉"之美誉，又蕴含"雅"的物性美与"色"的余韵美。事实上，其优雅的质地与色泽，不只成就着茶器造型的简逸、洗练、流畅之形式美，还成熟着茶器物色的纯静、含蓄、空远之意蕴美。同样，黑瓷釉色的质地与光泽，不只内敛着茶器形色的视觉张力感与空间秩序感，还会焕发出茶器的纯朴、深厚、静寂之美，且又会隐现着物感的安贫乐道之境生。可见，自然釉色的质地与美感，不只要有色彩的高级饱和度，还要有色泽的幻美空灵性，又要给予了形制优美的洗练趣味性，才有其工艺样式从物性走上诗性的高级化意境，自然就有静寂、空灵之雅意。

其次，雅之情性。有雅意的茶器，自然是超越俗常的物色花样，无论是在其造型、装饰、釉色上还是在其工艺方式上，都会体现出其极高级的艺术创制与审美洗练过程，才会体现出其美的简约玄澹与超然绝俗远之精神。显然，"雅"意味着审美艺术化的洗练与精致，来文人意趣化茶器物件的花色样式，从而赋予有其超凡脱俗的物式与花样，体现出文质彬彬之美的风度同时，又深于趣性的唯美浪漫与寄物抒情。可见，雅的情境源发于我们高层次审美的文心境趣，因为"从历史上看，雅文化出自文人墨客之手，多以书面形式流行于帝王世家等上流社会"[29]，也已视为了中国文化美学的正统地位与身份象征。于是，文人化的雅趣，不只是体现出"君子"式的生活哲学美，具有典型的儒雅之气，也还是写意式的简逸洗练美，具有文人雅士的玩味之风。那么，传统器物之美的文雅意趣，某种程度上是由"画工地位的转化，直接促使民间艺术与士大夫、文人艺术的交融与互渗"[30] 耦合机制下所萌生、兴盛起来，从而影响至今，其工艺样式与审美品格也是物件雅美的重要参照模式与认知评判。显而易见，器物文人化的美学格调不只融入文人雅趣的书卷气，也还富有清淡秀雅的唯美性。

正因文人书卷气的写意美学根植于中国文化精神的审美意识，被也视为文人雅趣之美的标签，并也会潜移默化地移情于生活茶器的审美观念中，同时又反哺于器物创制者的文心艺脉。纵观近十年来茶器装饰样式的绘画风格，恰正是秀雅、简逸、空远的文人写意画淋漓尽致地表现在器件物饰中，无论在器物画面的空间构图上求"留白"，还是在器物画面的设色赋彩上重"清秀"，以及在器物画意的工善绘法上重"简逸"，体现了文人写意的典型性绘画风格。虽然，景德镇自从民国时就已盛起文人绘画意趣的瓷绘样式，但基本上仍以观赏器（瓷瓶、瓷板等种类）物件的功能意义来借助釉上彩技法方式进行绘画装饰，且并未在生活茶器上展开来，某种程度上，反映出这些瓷画匠工从中国纸本绘画的经典样式移嫁于陶瓷绘画的花样装饰。相对瓷瓶的通体构图绘画方式来说，尤其是平面的瓷板画最为典型性、代表性地移嫁与融进了中国绘画的纸本程式。事实上，无论是何种粉本绘画方式，都影响与提升了后来至今的茶器"雅"绘样式，从而形成了民间匠工与文人雅士的一种"互渗、互融"文人化的画意趣境。

触美

一

玩用赏器

　　换言之，正是这种文人化的画意趣境，极大地提升了茶器（多为杯、壶）的艺术化审美与生活化艺术之工艺花样，某种意义上来看，也善美了"以小见大"的生活小品绘画物件之美的简意性与玩味性，又增添了器物装饰画意的空灵美与余韵感，同时又和谐地尽用尽美了茶器的功能附属意义，也是易给予茶人触摸它的一往情深之心物。当然，这种以小品绘画的方式来添置"一花一叶""一石一草""一枝一鸟"或"一人一席"等生活内容，自然会给予器物之美的"一物三生"生活景致与"古雅有余"的意境，又丰富了器物之味的静观赏玩与物我同化。显而易见，正是美的一种高级艺术化方式来构置着器物装饰的"留白设景"的同时，也是精设了器物工艺的"雅生绝俗"。某种意义上来看，这种装饰方式也是贫弱物件花哨之道，自然又是雅化物件自然之道。尤其是在白釉胎体上进行彩绘居多，常以兼工带写的绘画方式来择取花鸟、草虫、山水、瑞禽、湖石、松竹梅、高士、婴戏等题材进行"浓黑淡彩"格调的绘饰，同时题写几诗词字句来表现中国书画同体的审美意趣，又整一、完整了器物通体构图的延展圆满性。事实上，这种物件的绘画风格，不只体现出其"实中有虚，虚中蕴幽"的美境，体现出其"飘逸简练，纯粹清透"的画意，也还映现出其"悠然静寂，空灵幽远"的诗意。对于喝茶人来说，尽管其画意具有深邃之美的想象力，但它仍是生活用意的一种高雅艺术化、装饰味的器物样式，来增添着物美的一种触摸感与玩味性，则也是茶器之用与美的工艺宗旨。或许这就是此美的独到之处，更多地给予了我们可观可赏"使简单的形象不再简单，把语言上的丰富性和灵活性发挥到了极致"[31]的文人画意，又赋予了茶人静心赏美的一片清纯天地。（见图4-11、4-12）

另外，雅之诗性。生活物件的花样形式能唤起我们情感方式的种种想象或者意识状态，而恰恰其形色的简逸、含蓄、秀雅之美更易渐进有空灵韵远之意味的情感趣境。某种意义上说，在唤起情感趣境的同时，也唤起了我们审美情感的诗性状态。随之茶给予了我们城市化进程中的一种"快生慢活"的惬意方式，从而"它把我们—尽管短暂地—从俗物缠身的现实世界迁移出来之中"[32]享有静美诗意的可能性。显然，茶器的物色花样要隐约出静美诗意的审美感知状态，那么其器式要有"心物一致"的人造工艺美与再现自然美之和谐共鸣，才会给予茶人有"怡然自得"的优美诗趣。那么，这种宁谧寂静、抒情兴寄的物境又直观地反映在器物样式的优美格调与精致工艺，其器物的形式表现无论是在其釉色的艳丽纯度上，重物色的"清秀纯净"，还是在其装饰的纹理结构上，求纹样的"疏朗饱满"，以及在造型的简练程度上，讲形态的"简洁干练"。譬如说潮汕工夫茶的"一壶三杯"器式，常见于茶盘内摆放着一把简单大方的紫砂壶和三只简洁小巧的白釉杯，自然就构成了"一茶一席"的美趣与诗意。

诚然，诗意之美的茶器样式，必须有着其物色的柔和、物饰的简意和物形的洗练之美的和谐适度，才有物美的悦目、悦心和怡情、怡性，也是融铸着"物我境生"的一种风雅逸气。某种程度上来看，就是中国传统的"中和"

图 4-11 高士图　徐小明绘制

图 4-12 秋色　徐小明绘制

之美的趣境，赋予了我们生活审美精神始往"天人合一"的理想诗性境界，"因为'中和'既可将美、善调和，也可将美、真化为一体"[33]，并隐藏在每个人的内心深处，自然又会艺术化地展露于生活物件有一种内敛、隐约、柔情、幽雅之气息。譬如青釉色的茶器，不只有冰肌玉骨的胎色，还有莹润透澈的釉质，自然有其色泽幻影的温雅美；显而易见，半刀泥雕刻划花的胎体形成了凹痕的纹路，在青釉色流淌覆盖下形成若隐若现的装饰纹样，同时，又辉映了其釉质厚薄与纹路虚实的和谐美，也还是雅化了器物装饰工艺的人工雕琢味，或许这也是宋瓷划花雕刻工艺"秀雅弃俗"的高级花样美。如今现代茶器的刻瓷样式，无论是越窑、定窑、耀州窑、龙泉窑的刻花还是景德镇窑的半刀泥刻花，都是体现出其"雅意诗性"之美的工艺形式，或许这是为何近五六年来茶器推崇宋瓷美学之重要始因。

可见，精致、优雅的物件自然会散发出静心、恬美的诗性。因为它的形色饰样之唯美表象，巧妙地烘染出我们审美情感的"心与物"共鸣与想象，易"使人默会于意象之表，寄托深而境界美"[34]。譬如说黑釉盏，无论在其器皿的造型样式还在釉色肌质的纹理特点上仍是承传宋代黑盏的工艺样式，尤其是兔毫、油滴等天目黑盏，某种意义上说它虽是古色的现代仿品，其釉色流淌变化所形成晶体微色的形状呈现出无穷万象，呈现各种自然的针形毫丝或者圆点油斑，也唤起了历代文人墨客的赞美与冥想，故它是有诗意之美的"古今"回应釉色；恰恰是这种有无限想象的釉质黑色，沉寂了时代潮流花哨的庸俗美，才赋予了它穿梭于"古今"的历史意义与生活用意，也是它富有永恒静谧之美的深意与诗性。当然，茶人透彻这些清静、优雅器物的触摸与体味，自然会通美的物性诗意之情境，更多地回应了他"深藏心中的感想无意流露出来"[35]的大美乐生，与此同时，也反映出我们审美情感的一种"物美鸣心"的自然浪漫诗性。譬如常见的青花缠枝纹茶杯，看似带有世俗化图饰的纹样花色，或者说极其普通之类的花样，实则有点线面构成的流畅节奏感，又有蓝色纯静的优雅妍丽感。倘若一束自然阳光照射在小巧精致的青花缠枝纹茶杯上，我相信每位茶客都会稍有片刻地停下，去静心赏观其花色与光影交错所形成的物美情景，此刻我们便形成"心物一致"的审美境界，自然就会感受到"古雅余味"的器物美，又会感受到"诗情画意"的空间美。（见图4-13）

还有，雅之心性。对器物样式之"雅"美而言，更多地融洽着茶人在对其物件之"雅"趣的玩味格调与唯美情调，才会趋向渴望拥有它的种种有意味形式与内容，也才有唤起自我"格物致知"的心性美境。倘若从中国人的视觉审美心理特征来看，对物美的心性感知远远高于视觉感知，某种程度上，自然而然地渐深了美的一种"物我相生"的生活境界，又渐浓了美的一种"明理悟道"的心性气境。换言之，正是这种"物境心应"的体悟美之哲理，支撑着国民文化精神"上通千古，下通万世之由历史意识所成之心量，并由此心量以接触到人心深处与天地万物深处之宇宙生生之原"[36]。其实，这种心

触美
一
玩用赏器

图 4-13 油滴茶盏　曹阳制

量给予了我们生活审美方式的一种生命智慧与时空超越，并又反哺于生活器物样式的种种人造化美学，始向物美的一种"爱中之热情皆向内收敛，而成温恭温润之德"[37]的器道精神。显然，这种器道精神，不只唯美化了物件的高级工艺样式，又唯心化了物件的自我感悟方式，也渐进了器物儒雅之美的文质彬彬表征，并成为文人雅趣的一种风雅和素养象征。（见图4-14）

事实上，茶桌上优美典雅的物件，一定程度上显现出美之静意、纯净的物境与温和、大度的心境。无论在器色的花样（釉质肌色、图案纹样、设色敷彩等）还是在器型的造型（轮廓弧线、方圆凹凸、棱角折线、体量大小等）方面，需表现出内敛、含蓄又饱满、稳重之美，还需表现出美的纯粹、精致之工艺。可见，只有如此考究的器制工艺，才会流露出其物件之美的雅味，便也会赋予了它昭示我们视触觉的一种唯美感受，给予了喝茶人融入品茶叙事的器物空间美学中，并怡情、怡性地雅赏、触摸其美的色泽与纹理，才会一如既往地玩味它的生活意义，或许这也是"物如其人"的生活镜像。反观我们现实生活中的喝茶者，有安静之心的茶人，则会趋向恬静之心的美欲，渐向享用秀雅之美的物件。譬如说白釉色茶杯，最具简洁、单纯又静谧、优雅之色，正是其"空白"的极美，余生了"大雅大俗"的物件花样，并滋生出其"淡妆浓抹"的各种装饰方式。换个角度来看，其白色的面积越少，且花色越多，也便就渐远了美的静意与空灵，则也贫弱了美物让我们静心观赏的心性与冥想。

触美

—

玩用赏器

图 4-14 高温色釉装饰 徐江云绘制

当然，器物饰色之美的雅化洗练程度，决定着我们视觉审美的认知经验来评判其美的幽雅境气之重要因素。花里胡哨的物件虽会给予物美"被'直接'唤起的情感，无疑可用来增强更多认知上的复杂情感"[38]，但这种美的样式杂生了我们物境心性的无休止感官兴奋与刺激，并未赋予茶境"物我游心"的沉寂与静思，自然也不会有美的"心物一致"的诗性境界。那么，茶器物色的极简、单纯又素朴、善意，不只是给予了唱茶者的一种清静品饮之心的大美，还是赋予了他们一种禅心品位之美的大雅，也才会走上茶之美的一种自我渐修、渐悟的心性境生。譬如天青釉色的茶碗或茶杯，如今大多凡人更多会沉浸于宋徽宗的诗意咏赞它的美色，其乐融融地来品赏玩味它的生活用意，也流露出其美的世俗意味；换个角度来看，或许中国传统"乐山乐水"的山水文化观念与"天人合一"的自然美学思想，唤起了中国人富有一种物色诗性的审美精神化趣境与自我心性化美境，来超越天青色"古与今"之釉色本身的存在形式与美学意义，更是诗意心性化了物色美的无限生命力。（见图4-15）

触美
—
玩用赏器

图 4-15 釉上彩绘山水盖碗 蒋锦琪绘制

三
我化之念

    茶事生活在雅俗化的同时，也艺术化了自我的喜好性与玩味性。恰恰是这种生活叙事的喜好性与玩味性，久而久之，也会育美、教化了喝茶人的一种"格物修身"趣境，又滋生出他们的一种"游心自我"习性，并自觉自性地渐向"有我物生"之美的一种生活形式与内容。某种意义上来说，茶饮给了他们修身养性的一种文化生活叙事的同时，也唤起了他们生活玩味的意义与方式，并赋予了喝茶人有一种"大雅大俗"的文化趣境。然而，恰恰这种文化趣境又修炼着喝茶人渐向"有我"风格的器物世界，也便渐显出自我风格化的物件之美，并也会渐浓了他们"待物善美"的文化自信与生活自恋，因为"文化却要求必须实现某些可能性，而又封闭了其他可能性"[39]。

    当然，茶器之美的生活意义，不只是贵在其用与美的功能性，还重在其玩味与触摸的愉悦性，并给予喝茶人静心玩赏的惬意与快乐，从而陶养出他们对物件样式的嗜好习癖。事实上，喝茶人玩味的种种方式就是最大限度上实现了"快乐是种个人内在的感受，可能是因为当下直接的快感，或者对于长期生活方式的满足"[40]。换个角度来看，无论是地方性的工艺特色还是个性的名家风格，以及堂名款的产品，或多或少都有迎合喝茶人玩味的审美多样性与差异性的同时，也是显现出这些物件之美的"大我"至"小我"的身份化与标签化。其实，随之我们择物样式的个性化、差异化的审美过程，其物件本身就烙上了生活美学的功利性意义与身份性象征，也潜移默化地影响着喝茶人品饮"依茶择器"的生活艺术化与个性符号化，则自然会始向自我器物世界的一种善美物境，并渐渐趋向有我喜好化的物件玩味方式。

尽管喝茶之事是全民化、群体性的生活美事，也是文化性、美学性的生活趣事，也早已从"自然口味"至"文化口味"的审美生活化、艺术化、哲理化演绎发展。显然，生活玩味高级化的同时，也向我们呈现出一种美的物式花样与幸福境界，由此会造成茶之美的一种体悟与觉醒的生活精神，便会渐老渐熟了自我体味美的圆满妙境，也滋生出以自我审美精神个体为中心的最感兴趣的茶器物件，即由知"自我"的物趣始向有"自我"的物心之美生，某种程度上就是寻回"自我"的物欲美趣，也隐现出美的一种"自我"圆满与"自我"象生。因为"无论在人性的哪个维度上，他们都保持着完整性。对自我或是热爱的事物，他们都充满人文的目光"[41]，才会给予喝茶人趋向自我人情味的"一茶一器"生活样式，又在不断地超越自我圆满性的"寓物游心"生活境界。（见图4-16）

首要，显"我"的标签性。陶瓷因制瓷的人文历史而形成了全国地方性、特色性、代表性的工艺体系化特色，便就有了"窑口"的俗常命名。随之"窑口"制瓷样式的发展与变迁，却带来其地方工艺样式的多元性与多样化，又

图 4-16 一茶一器

形成了如今各产瓷区品牌化的商标俗称或者手工作坊式的堂名款，等等。倘若从人类文化发展史来看，无论是器物工艺样式的"窑口""堂名款"还是企业品牌化的商标名，这些器物都带有强烈的美学标签性与样式代表性，也蕴含着大众文化中的现代生活世俗性与功利性审美心理。事实上，茶叶早已因其地方性、地域性、工艺性的差异特征走上了种类的品茗化与品牌化，则也渐成了中国生活饮茶的标签化玩味，自然就会渐熟了品茶赏玩的审美艺术化，同时又高级标签化，则也成就了茶文化的"大雅大俗"乐生与"悦心悦性"境生。诚然，茶器之美的玩味方式便也会趋向一种生活标签化的文心观念，来渐行"有我"生活的一种触摸痕迹与美学叙事。

尽管陆羽著《茶经》的伟大意义非凡，不只是世界历史上最早的一位茶学大师，科学系统性著述了品茶赏器之美的文心器道，还是中国历史上最早系统性归纳我国各大窑口瓷器特色的一位美学大家。假如我们换个角度来看的话，他在《茶经》中指出："若邢瓷类银，越瓷类玉，邢不如越，一也；若邢瓷类雪，则越瓷类冰，邢不如越，二也；若邢瓷白而茶色丹，越瓷青而茶色绿，邢不如越，三也。"此话不只道出他对瓷质釉色之美的个人经验认知，还影响历代后人对瓷器审美认知的偏好性习癖与等级性观念；某种程度上，这也就使我们品茶玩器的审美趣境渐向了一种有我的美学标签性与群体性，同时，又流露出一种有我的生活潮流性与时代性。譬如说，前十年国内茶器市场盛行汝瓷釉色，当然其背后的原因与中国高古瓷拍市场的走向风格样式息息相关，但我们细想一下：这不就是反映出器物工艺之美的标签化与功利性的文化现象吗？

当然，日常茶事的器物世界，让我们享受美的东西，自然也会被美的东西束缚住了，生活久了，自己也便会带它的工艺样式去审视其他的器物花样，又有一种自我喜好玩味方式去择器沏茶。换言之，这种喜好玩味的趣境，不仅仅带有自我审美的生活格调与性情来饮茶赏器，还带有自我审美的崇拜他者美学精神与生活观念，不免会由他者美学的标签性渐向自我喜好的标签性物件样式。或许这种显"我"的自我标签性美学思想，隐藏着"若是有将美之意识看作通向美的途径的人，他就能够以'自力之道'来胜过所有的人"[42]的自信与意义。从某种意义上来看，我们或许就明白生活物件的花里胡哨之样式的存在意义。譬如，开片裂纹汝釉茶杯或茶碗，当它被茶主人使用的频率越高时，其釉质裂片缝隙处所沉积的茶汁水色越浓厚；则之，它呈现出"金丝铁线"的纹路愈加自然美丽，同时也显现出其美的"有我"用意的标签性。事实上，茶器花样虽凝聚着生活时代的习茶方式与工艺特点，但还聚集着生活时代的潮流文化与审美标签，从而"依托个体心理经验又超越它的个别性而获得了普遍共同的本质"[43]所形成流行美学物式的生活样本。譬如说茶室会常见茶主人杯与茶客的茶杯不一样，有时候茶主人会叙事主人杯的出自名匠亲手制或者堂号的限量版定制等身份来历，那么其物件就早已标签化了美的生活用意。（见图4-17）

198

触美
—
玩用赏器

图 4-17 彩绘杯 邹华绘制

接着，有"我"的身份性。柳宗悦曾在《工艺文化》谈道："人世间的阶级使工艺也带有阶级性，生活的差异导致了器物的差别。"[44] 某种意义上来看，生活器物存在差别化的同时，带来了工艺等级的身份性与美学性，也唤起了人们尚求高贵美的生活意义性与象征性。那么，茶器便也会带有美的身份化属性与生活化用意。譬如汝窑的天青色瓷，虽在其釉色的肥厚、莹润、温雅之美早已流芳千古，但在其身份上来说，因宋朝时期其窑口瓷器为帝王用瓷，其美的工艺背后就是美的身份象征，那么这种釉色的美学身份属性，不只代表着最高级的工艺美学，也是代表着最高贵的瓷器物色，并早已穿越了"古色"之美的意味。在某种层面上，其釉色也被视为其他窑口的瓷器釉色无法超越之美，代表着最高身份性的物色美，自然便会有众多窑口去仿效它的意义，即从"小我"的天青釉色至"大我"的青釉色系丰富。反过来看，这种仿效的釉色美，不只有种对古色的历史回应，还会给予了一些茶人玩味趣境趋向生活"泥古"的审美观念，或者走上"仿古"的物件釉色，并也显现出一种"有我"的喜好性与"自我"的习癖性。

当然，生活"物用"观念本身就会雅俗化我们对美的鉴赏与指向，呈现生活审美的差异化，同时又两极分化了器物美的工艺：质朴的粗浅与奢华的精致，并根植于我们的文化精神之中。因为现实生活的器物世界给予了"有我"之美的一种象征性意义："富奢的人们需要与他们的生活相适应的器物，奢侈的、华贵的器物既是威风所在，又能表现他们的生活。"[45] 这样，审美主体对象的生活消费层次和文化素养程度，决定了生活器物用意的身份性与美学性，又便会反哺于器物工艺样式的等级性与价值性，自然就会走向生活茶事的世俗玩味性与身份附属性。由此，茶器由于出自不同地位、层次的名家匠工之手，虽表现出他们的艺术个性而显示出工艺独特的美，但这些物件隐藏着器制者的身份性美学属性与标签性生活价值，并非完全是美的"无我"玩味与"有我"趣境，或多或少都有赞美他者之手的时代潮流与身份象征。譬如说紫砂壶，市面上会有太多同样款式的壶，无论在造型、大小上还是在胎色、装饰上，都是源自匠工手工拍打、捏制成，其价格差距较大。那么支撑它的附属价值就是由制作者的名誉身份与社会地位等名家角色来评判它是否属于名人名作之手艺。显然易见，制作者的"有我"身份性来回应器物美的"有我"价值性，从而反哺于喝茶人的身份美学性与功利价值性。

其实，茗茶品饮的生活玩味方式，不只会给予我们富有善美的文心趣境，还会激发我们富有自我的物心美境，从而去无穷深远地寻觅茶汁的滋味醇香的同时，便也渐熟了茶饮玩味的嗜好性与等级性，并无限地放大、拔高了茶人的美学观念与器道精神。显然，这种美物的体味性，渐深了茶人生活精神的玩味性与玩赏性，也渐熟了他们生活品位的"自我"文雅性与"有我"自信性，也就会渐显出他们富有美学身份性的器物用意，来获取一种世俗生活的认同感与赞美性。或许我们渴望享有美的东西的同时，也在向它探求自我的用意性与共鸣性，那么其美的意义更多反映于"一个人缺乏自我认同感和

统一感，失去了自我作为存在于整体中的特殊个体所具有的那种现实感或是幻觉体验"[46]。（见图 4-18）

另外，美"我"的用意性。美的器物是以物质性的客体体现，常以形、质、色、饰等物质结构的内在工艺秩序和外在感官经验来制造出物件样式的差异与风格。某种程度上，正是这种样式与风格释放出我们想要的东西，并通过美的欣赏与玩味方式来触动我们对美物的一种生活欲望，同时圆满自我的一种幸福感。但是，美的器物蕴含着风格化的工艺样式特征，又隐藏着符号化的记忆叙事特征，来传播着一种身份意义的美学解读与生活用意，也会唤醒我们走上"心物一致"的玩味趣境来对待个人意义的物件价值。事实上，美的茶器常常让喝茶人觉得静心赏观是有感觉、有意识、有意味和有欲望的审美活动，因为物件之美的视觉感官兴奋了他们的美欲触点。换个角度来看，美欲是我们精神的欲，正是每个人都有自我的美欲触点，也就激发了喝茶人来修炼有我的生活美学与玩味兴趣，并从品茶叙事的器物世界中寻求自我的心物美欲与有我的幻觉体验。显然，茶器物件的工艺样式丰富了我们沏茶品用的形式与内容，同时又会反哺于喝茶人享有物美玩味的兴趣丰富性与生活俗常性，某种程度上又释放了我们品茶趣事的一种"有我"美欲的无止境，来回应自我内心世界的种种"被寻找之物，所欲求之物"[47]。

有时候我常想，当一件高古的器物样式被今天藏于某博物馆或者持有者仿效成现代衍生品时，那么它的美就穿越了时代的古与今，又满足了大众的

触美
—
玩用赏器

图 4-18 青花釉里红装饰瓷壶、杯　陈伟制

欲望与嗜好。那么，这种仿效复制的物式美感，看似拉近了我们对它的赏观雅玩的距离感与享有欲，实则是反映出其美的生命价值从"自我"意义的神坛象征趋向"有我"标签的符号众生。衍生品虽为古色美物的经典仿制，某种程度上就是程式化、复制化、世俗化的器物美学，同时又是平庸了我们审美精神的个体性与创造性，或许也是反映出文化世俗化的一种人为粗暴式的生活美学植入器物花样的工艺形式与内容来创造与再现美。其实，这种美迟早会没有了我们的好奇与迷恋去感知、触摸它的意义，因为它只是一种古味的形骸状态呈现，没有古色的历史意义回应。诚然，物件之美的玩味魅力，给予了我们更多"在感性经验中被发觉的价值而要求在审美领域中争得一席之地"[48]。譬如鸡缸杯就是典型性的例子，即由美的神坛跃入美的粗俗，其仿制样式的衍生品现已成了景德镇瓷器的粗货缩影之一。

当然，"美的差异没有止境。我们的欲求各异，所以美也像我们一样千差万别、不可预知"[49]。恰恰这种触美的方式又是生活茶事最意味又最深邃的物心趣境，也是赋予喝茶者去体味平凡又日常的茶汁美味，同时赏玩实用又美观的器物花色，获取自我的一种品赏美物能力和享有美物样式。事实上，这些茶器（杯、碗、盏、壶）在日常品饮使用中，不只在视觉上给予了喝茶者的静心观赏，还在知觉上给予了他们的触摸玩味。那么支配着茶器之美的出现，不只有其独具的形色特点与工艺特色，又有其良好的功用结构秩序与和谐的形体花色构造，还要有其生活的时代精神和人文环境，才会赋予我们对美物的好奇心与贪念心，也才会富有我们激动情绪的享有用意与美欲。譬如珐琅彩工艺样式的茶杯，无论在其图案纹饰的繁满还是在其工艺制作的精细以及镏金的奢华等方面，看似完美极致地展现物件之美的精贵细腻又烦琐庸俗，实则也反映出物件之美的奢华喜好的同时，又会趁向世俗化的高贵工艺美学与生活化的高级贪念物心。倘若它被为日常生活茶事的物件样式，自然会带给大多数凡人走上享有物件花里胡哨的有我快感与幻觉体验，且又无休止地给予了他们执迷不悟的喜爱与自信。或许有一天我们真清醒了，自然就会明白享有美物的"平常心"之哲理，因为花哨之美的物件贫弱了"有我"的善美物心，则更多地兴奋了"自我"的美欲芳心，便易沉浸在"无我"的器物世界"了解自己喜欢什么不容易，大多数人终其一生都不过是自我欺骗"[50]。

触美
—
玩用赏器

　　总之，常驻于日常生活茶事的器皿物件，其最大的意义贵在"用"的虔敬，又重在"美"的赏观，便也给予了我们审美感知的想象力与创造力，自然就会丰富我们生活器物的种种形式与内容，同时赋予这些物件的各类风格样式与工艺特色。虽然茶事是给予人们生活美意的汤汁物色之趣境，但因人而异，自然会形成人们高低不同的静观玩味方式，滋生出"雅俗相生"的文心生活。与此同时，伴随着民众生活饮茶方式的地域性、习俗性和文化性差异等综合因素，也就形成了有"俗"有"雅"的花样物色世界。倘若器物世界的花色样式没有"俗"美极多的平庸，就没有"雅"美极少的高贵，更没有"我"味的格物游心与触摸玩味。其实，赏茶玩器的生活用意就是本着"平常心"的哲理与智慧，才是真情实意地享受着美物"雅俗乐生"的幸福圆满感，才会自觉自性地让我们贴近、亲近美的生活物件花色。由此，"我们现实生活里直接经验到的、不以我们的意志为转移的、丰富多彩的、有声有色有形有相的世界就是真实存在的世界，这是我们生活和创造的园地"[51]，也是我们生活于"雅与俗"文化园地的客观定律。

注释

[1] [法] 克里斯托夫·安德烈. 幸福的艺术 [M]. 司徒双、完永祥、司徒完满，译. 北京：生活·读书·新知三联书店，2008，第 70 页.

[2] [美] 克里斯平·萨特韦尔. 美的六种命名 [M]. 郑从容，译. 南京：南京大学出版社，2019，第 27 页.

[3] 梁一儒、户晓辉、宫承波. 中国人审美心理研究 [M]. 济南：山东人民美术出版社，2002. 第 96 页.

[4] [美] 丹尼斯·J. 斯波勒. 感知艺术 [M]. 史梦阳，译. 北京：中信出版集团，2016，第 20 页.

[5] [美] 克里斯平·萨特韦尔. 美的六种命名 [M]. 郑从容，译. 南京：南京大学出版社，2019，第 32 页.

[6] [日] 黑田鹏信. 艺术学纲要 [M]. 俞寄凡，译. 南京：江苏美术出版社，2010，第 56 页.

[7] 徐复观著. 论文化（二）[M]. 北京：九州出版社，2016，第 630 页.

[8] 徐复观著. 论文化（一）[M]. 北京：九州出版社，2016，第 7 页.

[9] 杨学芹、安琪. 民间美术概论 [M]. 北京：北京工艺美术出版社，1994，第 1063 页.

[10] 徐复观著. 论文化（二）[M]. 北京：九州出版社，2016，第 6040 页.

[11] [美] 克里斯平·萨特韦尔. 美的六种命名 [M]. 郑从容，译. 南京：南京大学出版社，2019，第 104 页.

[12] [美] 罗伯特·亨利. 艺术的精神 [M]. 张心童，译. 杭州：浙江人民美术出版社，2018，第 31 页.

[13] [美] 克里斯平·萨特韦尔. 美的六种命名 [M]. 郑从容，译. 南京：南京大学出版社，2019，第 93 页.

[14] [美] 彼得·基维主编. 美学指南 [M]. 彭锋，译. 南京：南京大学出版社，2018，第 105 页.

[15] [日] 黑田鹏信. 艺术学纲要 [M]. 俞寄凡，译. 南京：江苏美术出

版社，2010，第 119 页．

[16] [美] 罗伯特·亨利．艺术的精神 [M].张心童，译．杭州：浙江人民美术出版社，2018，第 218 页．

[17] [日] 黑田鹏信．艺术学纲要 [M].俞寄凡，译．南京：江苏美术出版社，2010，第 121 页．

[18] [美] 克里斯平·萨特韦尔．美的六种命名 [M].郑从容，译．南京：南京大学出版社，2019，第 65 页．

[19] [美] 罗伯特·亨利．艺术的精神 [M].张心童，译．杭州：浙江人民美术出版社，2018，第 153 页．

[20] [美] 彼得·基维主编．美学指南 [M].彭锋，译．南京：南京大学出版社，2018，第 281 页．

[21] [美] 克里斯平·萨特韦尔．美的六种命名 [M].郑从容，译．南京：南京大学出版社，2019，第 136 页．

[22] [日] 黑田鹏信．艺术学纲要 [M].俞寄凡，译．南京：江苏美术出版社，2010，第 89 页．

[23] 徐恒醇．设计美学 [M].北京：清华大学出版社，2006，第 219 页．

[24] [美] 克里斯平·萨特韦尔．美的六种命名 [M].郑从容，译．南京：南京大学出版社，2019，第 124 页．

[25] [美] 克里斯平·萨特韦尔．美的六种命名 [M].郑从容，译．南京：南京大学出版社，2019，第 124 页．

[26] [美] 克里斯平·萨特韦尔．美的六种命名 [M].郑从容，译．南京：南京大学出版社，2019，第 27 页．

[27] 宗白华．宗白华讲美学 [M].成都：四川美术出版社，2019，第 580 页．

[28] 宗白华．宗白华讲美学 [M].成都：四川美术出版社，2019，第 511 页．

[29] 梁一儒、户晓辉、宫承波 . 中国人审美心理研究 [M]. 济南：山东人民美术出版社，2002，第 329 页 .

[30] 杨学芹、安琪 . 民间美术概论 [M]. 北京：北京工艺美术出版社，1994，第 213 页 .

[31] 朱良志执行主编 . 八大山人研究大系 . 第七卷，绘画研究 . 上册，绘画风格、形式、题材研究 [M]. 南昌：江西美术出版社，2015，第 198 页 .

[32] [美] 彼得·基维主编 . 美学指南 [M]. 彭锋，译 . 南京：南京大学出版社，2018，第 87 页 .

[33] 金丹元 . 禅意与化境 [M]. 沈阳：辽宁美术出版社，2018，第 43 页 .

[34] 宗白华 . 宗白华讲美学 [M]. 成都：四川美术出版社，2019，第 518 页 .

[35] [美] 罗伯特·亨利 . 艺术的精神 [M]. 张心童，译 . 杭州：浙江人民美术出版社，2018，第 150 页 .

[36] 徐复观 . 论文化（一）[M]. 北京：九州出版社，2016，第 307 页 .

[37] 徐复观 . 论文化（一）[M]. 北京：九州出版社，2016，第 306 页 .

[38] [美] 彼得·基维主编 . 美学指南 [M]. 彭锋，译 . 南京：南京大学出版社，2018，第 158 页 .

[39] [以色列] 尤瓦尔·赫拉利 . 人类简史：从动物到上帝 [M]. 林俊宏，译 . 北京：中信出版集团，2017，第 141 页 .

[40] [以色列] 尤瓦尔·赫拉利 . 人类简史：从动物到上帝 [M]. 林俊宏，译 . 北京：中信出版集团，2017，第 357 页 .

[41] [美] 罗伯特·亨利 . 艺术的精神 [M]. 张心童，译 . 杭州：浙江人民美术出版社，2018，第 74 页 .

[42] [日] 柳宗悦 . 工艺文化 [M]. 徐艺乙，译 . 桂林：广西师范大学出版社，2006，第 30 页 .

[43] 梁一儒、户晓辉、宫承波 . 中国人审美心理研究 [M]. 济南：山东人民美术出版社，2002，第 265 页 .

[44] [日] 柳宗悦 . 工艺文化 [M]. 徐艺乙，译 . 桂林：广西师范大学出版社，2006，第 47 页 .

[45] [日] 柳宗悦 . 工艺文化 [M]. 徐艺乙，译 . 桂林：广西师范大学出版社，2006，第 47 页 .

[46] [美] 克里斯平·萨特韦尔 . 美的六种命名 [M]. 郑从容，译 . 南京：南京大学出版社，2019，第 148 页 .

[47] [美]W.J.T. 米歇尔 . 图像何求？——形象的生命与爱 [M]. 陈永国、高焓，译 . 北京．北京大学出版社，2018 年 . 第 125 页 .

[48] [美] 彼得·基维主编 . 美学指南 [M]. 彭锋，译 . 南京：南京大学出版社，2018，第 3108 页 .

[49] [美] 克里斯平·萨特韦尔 . 美的六种命名 [M]. 郑从容，译 . 南京：南京大学出版社，2019，第 24 页 .

[50] [美] 罗伯特·亨利 . 艺术的精神 [M]. 张心童，译 . 杭州：浙江人民美术出版社，2018，第 143 页 .

[51] 宗白华 . 宗白华讲美学 [M]. 成都：四川美术出版社，2019，第 23 页 .

第五章

黑白余韵

事实上，我们日常更多会注意有色彩的器物，因为其色相的浓艳能猎奇又吸引人的视觉感受，反而素色（黑、白）的茶器只能若隐若现地映入人的视觉感知，或许其色过于平淡、单调，并非能赋予强悍的吸引力，来引人注意。

色彩斑斓的器物花样，虽精彩又奇幻了我们的视觉感知，又给予了物件颜色的无比鲜活、亮丽，但其万彩色相又会变得富有迷惑性，便也易让人沉迷于异彩幻影的物境中。事实上，我们日常更多会注意有色彩的器物，因为其色相的浓艳能猎奇又吸引人的视觉感受，反而素色（黑、白）的茶器只能若隐若现地映入人的视觉感知，或许其色过于平淡、单调，并非能赋予强悍的吸引力，来引人注意。其实，黑、白釉色的茶器是品茶主体审美对象的终生喜爱之色，又是我们跟随潮流样式且又不会淘汰、厌倦之色，却始终赋予了物美的洗练、纯粹又理性、自然之视觉感知特性。因此，各种花样、花色的茶器，除了黑白釉色之外，都会渐显出一种绚丽之美的视觉形式，无论在其形状、纹饰、釉质还是其结构层次方面，都不会持有"永恒的静谧"的趣境，也不会留有"永远的谐和"的美感。坦然，正是如此素净又深意的黑白之色成为美之永恒的定律与永远的虔诚。正因其黑、白的釉色，在器物制造者手里无论怎么处理都是很美的工艺样式，而恰恰善茶人都"明白自然无须修饰，它给予人无限的乐趣与启示"[1]。

触美
一
玩用赏器

一

色的极致

213

　　茶事是人们日常享受"生活艺术化、艺术生活化"的同时，某种程度上也是我们富有艺术审美的感知形式与生活内容来实现生活用意之美，即也是茶人们善于"艺术概念结合了惯例，让日用品富有魅力，使用感更愉快"[2]。那么这种对美的生活用意方式，不只是表达了我们对于茶之物美的主观感受，将其意义进行各种可能性的形式与内容来阐释器物世界的工艺样式与仰信共性，并以展现符合某种规矩的文化观念来塑造一种有意味又高级的审美趣境，从而又善美乐生了日常生活茶事的文心与仪式，自然也就丰富了其视觉感受与心理体悟的玩味性。从另一层面来看，正是其玩味性深远了我们生活用意的形式美感与内容叙事，便也深邃了我们"浮光片影"的审美感知与触发，并极致化了美之"茶颜观色"的物境与器道。

　　事实上，光虽给了我们能观察世界万物之色的丰富又多样，并激发了我们视觉感知的想象力与洞察力；但它也会让万彩之色琳琅满目于我们的生活世界。诚然，光不只给了我们对颜色有一种视觉传播性的自然吸引力，也给了颜色视为人类直接感知的审美经验性与对象判断性，更多赋予生活物品之色的极美样式与极深思虑。事实上，生活日常的茶事，更易让我们的目光注视着"在这个光亮—被照亮事物的结构中，当一种光亮形成并作为主导色时，被照亮事物获得了同一性的颜色"[3] 所构成的空间物色美境，自然而然会身临其境于器中茶汁之香与色的"浮光片影"。纵观近些年来茶桌上的公道杯，由过去的瓷质材料替换成透明的玻璃材质，其更替的主要原因：一方面，方便了喝茶者"茶颜观色"的视觉直观感知；另一方面，深化了"光与影"所构成品饮空间场感之色的味象境生，还给予了我们玩味茶汁之色的微妙物趣与美意乐生。

虽然茶器之色是茶汁之色的衬托者，但前者看似为自然静止之色，实则为容纳百色之色。那么，从观赏茶汤水色的自然效果来看，白色的釉质茶器是最显露茶汁汤色的视觉感知，而黑色的釉质茶器则是最能隐藏茶汁汤色的物象感知；换言之，正是单纯的黑、白釉色茶器有容乃大着茶汁万象众生之美色与韵味，又会融和着器式物色之美的自然本真。其实，正是光给予了自然物色的万彩众相、绚烂美丽的同时，而黑、白的素彩极色不只调和着彩色物象的视知觉时空关系，无论是在其鲜艳的刺激程度上还是在其花样的时间长短与空间交替等层面上，都会让人自然而然地去适时、适宜多彩物色的审美感知，还平和了物色的对比与统一关系。或许从万物生命周期的角度来看，自然与人类所构成"和谐相生"的时空生态关系赋予了"黑与白"物色之美的生命意义与伟大魅力，则之任何物象之色都从"无"的始起即"白"至"有"的终归即"黑"，并周而复始地孕育、再生。（见图5-1）

首先，素彩之色的极限。物件的花色之"艳丽""炫耀"的反向就是"素净""恬静"。事实上，从色彩的视觉心理反映特征来看，无论是极浅的白色还极深的黑色，都是极"素"无"彩"之色，且富有沉静又萌动的视知感受，并无彩色猎艳感受的奇幻与张力。通常，大数喝茶者的桌上铺陈着各式花色

图 5-1 煮水壶 李镠制

的器物摆件，但是有彩色釉质的茶器（杯、碗、盏、壶等）仍居多，反而常以白釉色类的小杯和黑釉色类的盏或碗作为品饮器具花样较多见。因为大众的审美喜好多伴以"俗"味来择取生活物件的花色样式，自然常爱亮丽、鲜艳之色的东西；相反，素彩极色的物件赋予了单纯、安静之美的感知，则不易吸引我们审美的奇思怪想，那么黑、白釉色的茶器更多属于文雅之人所喜好的素色。相比较而言，人们去品观白色茶杯的美意比黑色茶盏要容易、直观些，尤其是易显茶汁汤色的本真面貌；同时因前者的素白、明净、轻爽之感觉，更能留有大众审美的想象用意与诗性通感。另外，从视觉感知的心理反映角度来看，器之白色比黑色更有"空就是色"的无限可能性和"一即多"的想象体味性，也更有色之"无味"至"有味"的物境始发，自然也是大众极其喜好之色。

尽管极素、极淡的白色茶器为大众喜好的器式，但其色因极白无瑕的特点，可容纳物色的众彩芬芳同时，也易被其他色彩所覆盖，又是易脏之色。特别是在烧制工艺上，纯净无瑕之色多半需在整个制瓷工艺流程上避免其他杂质混入，相对来说较为简单、稳定又易显瑕疵之器色。某种意义上来讲，白釉色的茶杯、茶碗、茶盏等器皿，是最本真、本味地容纳又显现出茶汁汤色之美的衬托者，也是体现出其器色的高级又无私。无论是绿茶、乌龙茶、黄茶、白茶的茶汁浅色还是红茶、黑茶的茶汁浓色以及茶汁汤色的细化区分方面，非白釉色茶具器皿莫属，它不只能玲珑、透彻着茶汤水色的色相变化，还能微妙、精细茶汁颜色的美味赏观。

当然，极浓极重的黑色茶器，自然会被人们视为素朴、稳重的器色，也无任何颜色能覆盖其本色的模样。其实，自然界早就告知我们的道理："无光亮的地方就是漆黑色之处"，因为我们常见光直射物体背面的阴影为暗黑色。可见，黑色虽是无光照射的深暗色，但也是有光照射的复合色，正如我们在颜色板上择取"红、蓝、绿等颜色"混合会调制成黑色一样。除了宋式抹茶外，黑釉色的茶杯、茶碗、茶盏不易透露出茶汁汤色，如翠青汤色的绿茶、清澈橙黄的乌龙茶、琥珀褐黄的红茶等，但黑釉色器壁盛放茶汤时，会若隐若现出"水色幻影"之美的情境。某种程度上，黑釉色茶器会给予我们产生茶汁物色的收纳感受与融洽感生，则也会弱化茶汤浓艳度，且又圆和了茶汁汤色的饱满度，还会弱化茶汤杂质的瑕疵。同样，在黑釉色瓷器制作工艺上，没有像白釉色瓷易显铁点瑕疵等问题，其釉色反而隐藏着更多釉质精微的斑点等，具有圆满性的美色。相比而言，黑釉茶器具有极强的融合各色特点，有一种成熟美的潜在魅力，或许就是物色"多即一"的收纳者与"一即多"的隐藏者，并深邃地让"人们终其一生都能积累出他们的古色"[4]。

其次，自然之色的极简。器物的釉色越是简单、纯粹，显而就越有超越其形色表象的美意与余韵，又散发着一股极简逸又丰富的美。虽然黑白釉色看似司空见惯的花色，是免受审美对象的主观侵扰而客观确定性的颜色，但则是深藏着大美的自然极色，也是凝聚着高级美的自然静色。诚然，从色彩视觉方面看，无论是白釉色的素净、恬淡、洁白之美，还是黑釉色的素朴、厚重、沉寂之美，赋予茶器物色非人工雕琢的一种天然柔和、内敛平静之美感；则从其釉烧制工艺方面来看，铁元素是我们地球含量最多，也是易方便匠工采集泥料与配制釉色的重要内驱因素，经历代制瓷技术的改进与提升，我们才成熟地掌握烧制不含氧化铁元素的白釉和含氧化铁、氧化钴元素的黑釉，某种程度上，就是一种烧造工艺的自然配色原理，既有人类的鬼斧神工又有自然的善美智慧。或许黑白之釉色的茶器，正因有种自然的平和、静意的审美深度，久用时就越会产生一种视觉的丰富感和圆满感，也给予了喝茶者"我们赋美于物，物又还美于我们"[5] 的生活哲理。

当一种物色极易融入自然空间环境的花色样式中，又极其和谐、平静各物件所构成的空间秩序与结构层次，不论从美的对比与统一关系上来讲，还是从色的冷暖与远近关系上来讲，黑白之类釉色茶器自始自终都给予我们生活用意的自然平静、温和感。倘若我们视茶桌上的茶器物件为一组静物画摆设的话，从画家眼中自然会从画面的点、线、面构图关系，以及物件的大小疏密与色彩冷暖关系，来铺设好其空间"一物一式"的秩序与节奏，才能表现出一幅美丽的静物画；而从茶人眼中自然会从饮茶的茶杯、茶碗、茶壶、茶托等器具使用关系，以及品茶赏观的"用意"与"美心"之和谐关系，来铺陈好其品饮事趣"一茶一器"的形式与内容，考虑"人—茶—器"的"天然合一"关系，才可体现出静心安享的茶席与诗情画意的茶室。显然，富有温心、静美的茶席，自然少不了极淡的白釉色茶杯、茶碗的器物融入，也有时少不了极重的黑釉色茶盏、茶盘的器物添入，某种程度上，也是我们最好调和各式各样的器物花色之重要方式，更是反映出人类懂得回应美的自然法则与经验智慧。（见图 5-2）

当然，现实生活中常见些茶人，在喝一些年份久远的老茶时，爱择取黑釉色类茶盏、茶碗来品饮玩味，在某种层面上，体现出他们带有敬意的心来善待茶的美心，自然懂得茶味的时间年份感与茶器的釉色厚重感相匹配之生活事理，则也是流露出茶人恩宠美物的最自然回归方式。事实上，老茶经长久时间的氧化，其茶叶条形也易脆易碎，则在沏泡冲饮时，其茶汤水色易混浊、留杂质，显而易见，黑釉色的茶碗、茶盏盛放茶汤时，非常有美意地隐藏了这些自然的杂汁，却恰恰让我们更有深意地品饮老茶汤的滋味与醇香，去静心、冥想这碗茶的时间记忆与岁月昭示，这也是真正意义上体悟"依茶择器"之物境与美意。另外，夏天我常常在工作室忙于捏塑创作之前，也会用自己捏制的白釉茶碗放上七八片太平猴魁茶叶，经温水冲泡后放置桌上，等着忙里偷闲时再端起茶碗，又看见碗内的清翠汤色浮起一片片绿茶叶的情景，则无比地给予了自己的一份清凉又温情的惬意与舒心。换个角度来说，这只白釉茶碗不只有我的生活用意与美心，还有我的自然美色与心性，不就是美之器用物色的境生与写意吗？

另外，时空之色的极远。茶器的釉色看似五花八门，无论从越青色、汝

图 5-2 茶颜器色 郭丽珍供图

图 5-3 紫黑泥壶　袁乐辉制

青色、龙泉青色、钧红色、祭红色、祭蓝色、郎红等有彩色特点上，还从邢窑白、定窑白、景德镇窑的元代卵白与永乐甜白、德化的猪油白以及建窑黑盏、吉州窑木叶黑盏等黑白色特点上，不只是反映出中国制瓷工艺的地域特色，还体现出民族色彩喜好的特定样式。从另一种层面来看，正是彩釉色的烧制经验技术走上了成熟与掌控，可以量产化走入寻常百姓家，自然而然地深掘了人们对茶器的质色花样丰富与喜好，相继地贫弱了黑白釉色器的生活用意。当然，还因中国茶饮方式的时代变迁，从宋式抹茶的盛行黑釉盏走上现代冲泡煮茶的器式各样，相比较白釉色、青釉色、黄釉色、红釉色、蓝釉色类茶具器皿的需求产量，则也是现今黑釉色茶器的小众化之重要原因。（见图 5-3）

　　尽管白釉色比黑釉色茶为贴近民众择用喜好的样式，但两者釉色的静谧感触会给予人们的审美早已超越了时空的界限与生活的用意，无论何时何地白釉色的茶杯会透彻茶人对茶汁汤色的直观感知和黑釉色的茶碗会内省茶者对茶汤醇香的深层体味，真正地构成了其物色之美的"容纳与收纳"或者"有与无"时空关系。其实，正是其两者釉色的极强对比又极素统一的关系，赋予了它们是人们审美感知的极度理性之色，并启示着茶人们自觉自性地去平衡又调和茶桌上花哨样式的茶器，善解美物的人意之情与人造之工，避免走上过度雕琢与满目堆积的物境，而是归于自然之美的诗意趣境。显然，黑白釉色的茶器不只是对自然世界物色的回应，具有素朴、含蓄、安静之美的感应与和谐，也还是对本身器物样式的概练，具有单纯、大方、简逸之美的想象与亲和，也持有美之永恒的内在秩序与和谐维度，却又深藏于生活器物世界的自然天性之中。

当满目杂生的花色物件久留于茶桌上，自然美的生活秩序需要"我们都喜爱统一和理性，并且渴望得到它们"[6]。因为我们都知道茶器花样的宁静需要与周围世界的宁静相呼应，才能感受到一种自然又悦心的宁静气息与和谐舒适的花色美意。其实，美的自然法则早已让我们意识到生活物件样式的哲理："绚烂之后归于平静"，那么，这种"物极必反"的生活道理自然会警醒着我们要懂得物色花样的适度与均衡关系，才会持有器物"和而万物生"的大美境界。恰如蒙德里安的抽象画一样，其基调由红、黄、蓝三原色的不同大小方形，搭配着长短不一样的黑色方形来组成极其艳丽的画面，可见黑色是调和与平衡着其三原色所分割组构着鲜艳、亮丽又活跃、和谐的抽象画

触美
一
玩用赏器

图 5-4 德化白茶器 李锃制

面，从而富有美的秩序与韵律，又赋予了色彩的表现力与想象力。同样，从远观俯察的角度来审视着茶桌上的各类器具物件，就类似一幅抽象的画卷，这时我们就明白了"彩色易生杂乱的物式花色，而素色易和合的物式静意"的自然律则。或许这就是极素、极静的黑白釉色茶器具有超越时空美的自然旨意与工艺思想。（见图 5-4）

还有，无色之色的极生。苏轼之言："空故纳万境"，某种程度上就道出物之"无色至有色"的存在形式与时空观念。显然，茶器的各种釉质花色不仅仅是满足我们生活茶事"用"与"美"的功能性需求，也还是丰富我们生活习性的喜好与美欲的多元化样式，一定层面上，也强化我们视觉感官对色彩的敏锐性与活跃性，潜移默化地根植我们生活于"绚烂美丽"的器物世界，从而最大化了生活器物样式的花里胡哨之美的形式意义。相比较而言，黑白釉色并未有像红、黄、蓝、绿、紫、青等釉色那么炫耀、亮丽，而是给我们审美以静谧地向内收敛的视觉感知来融洽与和谐的颜色，又是弱化我们视觉美感所激发物色欲念的颜色。其实，正因我们日常茶器的各种物式花样，赋予了茶事的生活艺术化，乐生了茶人的生活玩味化的同时，又杂生了茶人的审美潮流化与贪念化，自然而然众多茶人喜好"有色彩"的艳丽茶器，反而会贫弱"无颜色"的黑白茶器。

或许正因光给予我们虔诚色彩的吸引力与创造力，也开启了我们一直在探求物品花色样式的造物方式，来满足人们生活用意的喜好方式，同时也细化了日常生活茶器之美的形式与内容，并也丰富了茶器五彩斑斓的物色花样。但无论怎么样的物色花样，都需终极于茶人与茶饮所形成一种生活用意之美的茶器，从而达成一种主从默契又和谐的关系，那么茶器的物色样式就是直观性反映茶主人的审美风格与喜好习性。当随之茶主人越来越走上一种成熟美的茶境，也就会渐悟到物色的生命意义与自然法则，便也体味又明白"茶与器"的生活用意与美学信念。显然，饮茶就是我们静心享有美汁从"无味"至"有味"的渐生，又是津津乐道美物从"有味"至"回味"的渐去；则之其汤色之美也是从"无色"至"有色"的浓艳，又由"浓"至"淡"的褪色，某种意义上，就是反映出物色之美的生命与时空。可想而知，黑白之美的伟大意义，就是体味到"我们将'失去'整个世界，但与此同时，又会与之化归一体"。[7]

事实上，无论是白釉色还是黑釉色的茶器，都明显地深掘了其色烧制的工艺样式与时代美意，从其单纯的素色至有色的黑白色域内微变渐进。换个角度看，就是其"无色之色"至"有色之色"的始向与萌生，也反映出黑白釉色的极色至有色的自然昭示与美意衍生。比如黑釉茶盏，在宋代被视为文人斗茶最高贵的器物，由兔毫、油滴、曜变和木叶等釉质花色来极致地细化出"极色的无象至有象"黑釉色之美。还有白釉茶杯、碗，早已烧制出"从极纯的洁白向淡灰色的微白"的丰富多样，如青白、卵白、甜白、猪油白、象牙白等釉色变化。从另一层面来讲，正是光给了人类观看到自然界的黑白物色，激发了我们仿自然物色的造物方式，同时，也就潜移默化赋予了我们视觉感知黑白色美的一种"无色之色的极生"的自然时空观与生命观，从而构成了中国"以物构象、以象写意"的审美特征，并反哺于我们最高级化的"似是非是"美学观，也是反映出中国茶人文心体味化的物色观念。（见图 5-5、5-6）

图 5-5 白釉茶碗　白磊制

图 5-6 白釉茶碗　白磊制

二

纯的高级

茶器色彩有各种纯相的存在方式，如红、黄、蓝、绿、紫等釉色，它们的花色虽是有色的纯度，但并非一定是极静的纯净，反而黑白的釉色是素净又安静的纯色，也是极生又是极寂的纯色，更是沉浸静谧又蕴含萌动之美的高级纯色。有时候我常想，各式花色的物件虽然唤起人的审美经验丰富，又能获取我们生活芳华美心的异常浓烈又无比幸福，但黑白釉色则会给予茶人视觉感受的无可比拟的丰富与深邃，看似凡常素朴、纯净之色，且能够使人看起来远远大于其自身的物色特征与审美趣味。某种程度上，黑白物色之美的力量贵在于"美是无形的，无法定于表面，岁月的侵蚀也无法击败这种美"[8]。

黑色釉色的茶器，因身为容器的造型结构，其开口的器内空间作用，一方面突出盛放茶汤的器用品饮功能，另一方面增强"茶颜观色"的视觉审美感知。显然，白釉色是茶汁汤色外显的陪衬色，黑釉色是茶汁汤色弱显的隐藏色。那么，从其物色之美的时间维度来看，正是"藏内露外"的"一黑一白"之色，也是极纯真又纯粹之色，直观性地赋予了我们丰富又美化茶汁的浓淡、浓艳滋味，同时也给予了我们细化又品饮茶水的悦目、悦色心境，又亲和了我们体味又体悟物色的有与无、实与虚之生命感知，从而间接性地深邃茶人感知茶之美的"色即是空，空即是色"瞬时场感与生命感悟。某种意义上，黑白釉色会更富有自然物色美的一种时空与生命的感召力，也会激起我们对茶汁汤色的种种玩味意义，也易境生茶人从"无至有"和"有至无"的物色禅意。毋庸置疑，只有"安静感"的物色才有"持久美"的高级体味，而黑白釉色的茶器能够在这个绚丽多彩的器物花色世界里，对我们有种"静美安心"的玲珑与透彻感，其本身就是高级又极美的物色。

物色之美的种种方式，不只是取悦于人的视觉感受快感，也是吸引人的注意力和亲和力。反而，黑白的物色，虽看似为纯净、单调的素色，富有一种清静又沉寂的视觉感受，但它为极纯、极静、极简的视觉颜色，却给予了我们感受物色之美的平静心和透悟性，贫弱物色的贪念心和猎奇心，则是让我们富有心平气和的趣境来亲善茶，也是演绎茶事"物色美心"的生活用意。事实上，正因颜色的丰富变化赋予了物美的各种样式，无论从器物色彩的物理和心理作用上，还是从人们审美的兴趣和喜好特征上，其颜色都提供了品饮者极为富有美趣的欣赏物色和享受物味。显然，黑白色是没有色相的明暗两极色，比其有色相的彩色更加沉稳、安静，其色度也只有深浅、明暗之区分的纯色；那么，其在视觉感受上较为纯静的饱和色彩，自然被我们视为高级美的静色。或许黑白釉色的茶器，因其极纯净又极饱和的色彩感知，给予了物色富有美的凝神、静气，更多会让茶人享受沉思冥想的茶境，并"尽情沉浸于世界之美，这种美超越了美丑对立，或隐藏于该对立之下"[9] 的理想境界。

首要，纯净之色的高级。黑白作为一种物色的高级样式，某种程度上反映出"美是一种复杂的整一或者简单的整一"[10]，又反映出美的自我感知与自我沉思后的一种成熟、超越，并隐显着"如果我们自己不变成美的，我们就不能前进到美的尺度之上"[11] 的物喻意义。这样，我们才会生活习茶叙事中去触摸、玩味黑白釉色茶器的愉悦和激动，从而深化自我感知物色之美的沉思，才会有安静之心去享受茶汁滋味和理解茶器样式之中的美，也才会引起茶人兴趣的物色沉思与雅趣境生。同时，纯净的黑白釉色，不只是给予了我们美经验的自然传递性和感知性，即美的纯静又纯色，还从其美的感受经验与体味形式来反哺于自我审美方式的内省感觉与外化感知，获取更高级美的一种"生活痕迹"和"物欲留念"。

假如从生活趣境"物色与美心"之共鸣与体验过程来看，那么品茶赏观的情境，就是美的物色用意与人的贴心感知相融洽的境界。黑白釉色的茶器，无论从茶汁汤色之美的物质表现开始层面上，还是从器皿花色之美的用意体现层面上，或许更能让我们深深地体味到"美就是在静观中给予快乐的东西"[12]之生活趣境。譬如纯洁的白釉色茶杯，纯净又透澈，其物色无浓厚、刺激之趣味的美意，容纳着茶汁滋味的美色与美欲，同时又蕴含着一种高尚的物趣美心，还萌生着最多趣味的美之形式与内容。因为它的素白洁净，虽为器美之"静"的花色，但也是器美之"动"的想象，足以引起茶汁汤色的品饮形式与玩味内容，并激起茶人沉静赏观着其美的兴趣与感情；某种程度上，这种物色的审美感情移入，就是美之"物我相忘"的物境趣生，也"就是触动趣味理想完全发达的人们的一种东西"[13]。

同样，黑釉色的茶盏或茶碗，则是极其深沉又深暗的黑色，没有物色的浅淡透彻感，且有物色的浓厚深邃感。实际上，其色能为茶汁汤色的赏观提供更多含蓄又奇幻之物色的审美想象与视觉感知，即具有内藏物色的天然特性。恰恰正是这种特性，无论从茶汤汁色的视觉色彩饱和度来看，还是从器皿物色的心理感受色欲性来看，都内敛化颜色的浓艳度与刺激感，也渐强了自然美色的"器物与汁色"之间的视触觉和谐统一性，则易渐向"茶—器—人"的内省感知境界，又深化了其物色滋味的体悟性与超然性，某种意义上就是上升到"静观沉思"的一种视觉心理感受状态。换言之，黑釉色的茶盏、茶碗，又在茶汁的浮光水色辉映下，给予我们视觉心理的本能反应并未是物色"直击人心"的纯情，而是更深层次地体味"当我们剥开最外面一层并深入里面几层的时候，真正的愉快感和成就感就出现了"[14]。

其次，纯朴之色的高贵。作为典型性的素朴之色：黑白，自然也会附加于茶器釉色的视觉审美的同一种感受。通常，这是我们在把这种黑白色类的器物形式当作审美经验的惯性情感来表达所感受到其物色之美的同一性与超越性，又强化其物色的某种暗示性与表达性，从而作为纯粹的自然物式又沉浸于其美的形式与情感，来赋予物质性事物之美的自然高贵。显然，黑白釉色虽为自然极色的表象化，但更为自然纯色的晶莹化，即在釉质晶体的棱面状态下改变了其极色的平面无色相至晶面有色相的光射色变化，形成了真物色视觉辨识的远近差异性与折射错觉性。可见，无论是白色釉质的洁白晶体棱面，还是黑色釉质的深暗晶体棱面，都会在自然环境的光射下折射出其黑白色谱的光源色，从而会改变了黑白釉质晶体结构的物质固有色，也丰富晶微了其物色的"无色之色"，看似其为黑白釉的纯色，实则为黑白釉的复色。诚然，其釉色的黑白晶体物体结构状富有复合棱面光射的属性，但它仍是如此自然纯朴的晶光闪闪之色，又是天然纯净的沉寂深远之色，持有永久的亲和力。（见图5-7、5-8）

因单纯朴质的器物釉色隐藏着静美的茶事境界。通常，白釉色的茶器富有物件之美的恬淡、轻盈的纯朴颜色，则其黑釉色富有物件之美的深厚、稳重的纯朴颜色。那么无论是白釉色还是黑釉色都会给予茶桌上的器皿物件有种自然纯朴、柔和优雅、幽静平远的生活美意与诗意。显然，白釉色的茶杯、茶碗让茶人淋漓又透彻于洁白色辉映着茶汁水色之美的生活用意，而黑釉色的茶盏、茶碗则让茶人沉浸又冥想于深黑色辉映着茶汁水色之美的生活幻影。则之，前者会呈现出一些真实的物色细节，后者会隐显出一些体味的物色感受，某种程度上它们具有兼容并蓄的自然性和纯朴性。或许黑白色的器物花色"往往是难以让人印象深刻，它们通常掺杂着观察者的主观想法"[15]，却反映出纯朴之色的高贵意义，脱离尘世的花里胡哨，渐行物件花色之"静"

图 5-7 黑釉茶碗　白磊制

图 5-8 黑釉茶碗 白磊制

意与"和"生，则是更多地包含着物色美心的沉静与思虑。

还有，纯寂之色的高雅。黑白釉色的茶器虽为人们技能的产物，但其工艺的物色形式仍是在一个具有审美两极性的自然概念中寻求物色之美的种种人工修饰与人为痕迹，来沿着这种美的尺度去感知、沉思、享受物美的同时，也在体验与体味物境的一种愉悦始向和静观沉思。可见，颜色给予我们人造生活器物的物色花样，也给予了我们视觉感知物色的美欲与兴趣，从而也丰富了我们喜好颜色的习癖与趣味，也进步了我们视觉感知物色的生活玩味。当然，这种物色的玩味喜好也滋生了色之美的"低俗"与"高雅"两重性，便也自然而然分化出品茶趣味的"低俗"与"高雅"之评判事理，又反哺于茶人日常茶事境趣。显然，有"雅趣"的茶人，自然会有自己偏好的物件器式与纹饰花色，多少总有一种高尚的物色趣味与黑白喜好，因为这些人的内心总会外化出一种"清静"的生活经验与"善念"的生活物欲。纵然，黑白造就物色之方式的一种静寂状态，也是视为物件自身最为圆满的茶器釉色，无论是"经过长期的变化或锤炼，它终将安居于其自身之所是"[16]，也是最伟大之美的物件花色。（见图 5-9）

事实上，生活常见于花里胡哨的茶器，其中的样式花色自然有"俗味"的器美，也有"高雅"的器美，但这些具有美的"高雅"花色并非一定有纯寂之感生的器物。恰恰黑白釉色的器物具有自然天性的纯寂美，会让我们的审美感知变得清楚、明白的同时，又变得含蓄、深远，产生出既有理性的思

图 5-9 志野茶碗　袁乐辉制

维方式又有玄妙的体悟趣式来呈现出一种"静的"与"瞬时的"的境界，去体味茶之美物的种种形式与内容，内省自我的一种高级化的审美活动与认知效果。譬如白釉色的茶器样式，从其肌质肤色的洁白属性上，从其周边环境的纯白场感上，还有从色彩明度的最浅区域上，都会体现出其物色的素白、恬淡又单纯、显眼，但仍然处于美的一种安静、空寂、幽雅之境意。同样，黑釉色的茶器，无论从其釉质幽暗的物理属性上，还是从其色彩明度的极深程度上和从其空间色域的张力特性上，都会呈现出其物色的沉重、厚实又单调、沉闷，且又内敛、深邃，则处于美的一种沉默、空寂又穿越、想象之境意。倘若茶汁汤色给予了我们生活静思玩味美的一种物色幻影，那么黑白釉色的茶杯、茶碗、茶盏，某种程度上就是纯寂了茶味需茶人"悉心追索那浮光片影，因为我们渴望生活，而这些浮光片影感染了我们的生活"[17]。

　　总而言之，黑白釉色的美境是"静"意味的凝聚和"净"生气的隐现，全以极纯、极空、极远的视觉审美感知和生活美学精神，来律则着器用花色之美的和谐秩序感和时空感，更多地启示着茶之美的生命意义，也反映出茶事物色的情境"其结局同为一极真、极美、极善的灵魂和肉体的协调"[18]，渐向品茶美趣的一种"心物一致和物我一体"玩味方式。

三
静的安心

　　倘若持有"永恒静谧"的器物花样，非"黑白"的茶器釉色莫属。正是因黑白色属于无色相的颜色，也属于饱和度极纯的颜色，又属于有明暗对比极强的颜色，相比较有色相的颜色器皿，黑白釉色的茶器自然是最富有安静、纯净之美的物色样式，也是最和谐自然环境之色，或许也"乃是活泼的宇宙生机中所含至深的理"[19]之色。换个角度来看，黑白色有"静"的自然生意，也才有生活色彩样式之理的始起，便才有器物审美"物外有远致"的工艺力量与花样特色，从而在品茶叙事过程中使我们触着其物色之美的生活精神与理想信念。其实，黑白色是极朴素又极单纯的静色，也被人类视为孕育产生着自然界五彩颜色的母色，并反哺人造物色的最高级用色方式。

　　反过来讲，静意的茶室空间，自然就是安静的色彩格调，那么其桌上的各花色器皿物件需保持物色的浓与淡、素与艳、白与黑等对比和谐的秩序感，构成物件色彩柔和的饱和度。显然，除了黑白的釉色，则白与黑之间的灰色区域，即为色彩斑斓的茶器物色提供了妍丽又丰富的花色世界，如灰青（越窑青）、灰红（钧红、祭红）、灰蓝（祭蓝）等，但黑白釉色会自然地调和着这些色彩斑斓的物件趋向花里胡哨的物色空间，也就是降低其空间整体颜色的刺激与喧哗程度。倘若从人们视觉审美心理的补偿机制来看，平静是喧哗的慰藉，而黑白就是艳丽的调剂，同时黑白是"永恒静谧"的物色，自然就是茶器花色"多即一"的审美标尺与"一即多"的色彩法则。正因茶事是我们静心品饮的生活方式，则茶器物色所构成的品饮空间的色彩维度自然也要回应静思玩味的形式与内容，也才会让茶人在物色空间中获得"身心都处于一种秩序井然、健全完整的状态"[20]。

诚然，黑白色虽为实色的两极方式，白色的洁净、透彻，以空白之境意来显美的"平静"，而黑色的深暗、厚重，以孤寂之境意来显美的"寂静"。正如现实的茶器物色世界中，"在某些范围内，我们于迷乱中发现了多性，但是却在简单的解释中找到了平静"[21]，也便让我们懂得用心的宁静去感知色的静意，自然就会明白一个有序的世界需要有一种认识的、审美的秩序，才能持有"赏观悦目"的器用物色。某种意义上，正因"静"意味的黑白釉色，给予了茶人一种理解性和秩序化的亲心体验，来获取茶汁物色之美的玩味趣事与物件自身之美的深度圆满。另外，黑白釉色的茶器（杯、碗、盏）物色，它能让我们在"静的""瞬时的"过程中持有"平常心"的物欲与美欲来体味茶之美物的平凡伟大意义，并在不经意间受感动和爱意，又静观、回味美汁的浮光片影，"因为某种程度上，它们耐人寻味，揭示了更高远的境界"[22]。

从我个人来看，虽然说有色相的物件花色比其无色相的黑白物件要易获取视觉感知的快捷与激情，但相比较而言，前者获得较为"粗糙"的感官知觉之美的东西，并未像后者获得更多较为"细腻"又有"想象"的感官知觉之美的东西，因为黑白色的器物样式蕴含着"观赏审美对象需要意识富有想象的活动"[23]。显然，黑白釉色的茶器，看似习以为常的物色，但不能被我们简单地视觉感知它们的生活物件样式，而是要有时空总体性的想象经验去感知它们的实体模样，才会体味到它们的生活用意与观赏趣境，也才会触到其黑白釉色的美意妙趣。当然，其美的触觉想象需要茶人"静观玩味"地来焕发自我审美认知的沉思与冥想，才会有对其物色美意的顿悟与领悟。可见，黑白物色的"静"意味，就是其美的"静"生意，也就是"静心静美"的永恒颜色。

一方面，恬静的白釉色。倘若茶桌上的白釉色茶器类物件，会让我们喝茶人变得清楚、明白茶汤汁色的认知效果与生活美意的话，某种意义上就是审美经验的一种器皿物式之叙事化、体悟性的心境，因为白釉色的茶器散发着"人们最终还是渴望从无序中找到秩序，在混乱不堪的经验深处找到一处宁静之地"[24]。恰恰正是如此纯净、洁白的釉质颜色，契合着简洁、洗练的器物造型，某种程度上成就了物件花色自身的单纯、圆满又恬淡、柔和，宛如亭亭玉立的圣洁莲花。比如潮汕工夫茶事，讲究"一壶三杯"的器用方式，通常茶杯为小巧玲珑的白釉样式，特别是轻薄的胎体隐隐约约地透显着褐黄的茶汤水色，无论从我们近观茶桌物件还是从远观茶室器物角度上，都会发现那三只白釉色小茶杯格外美，并起到器物空间之美的点缀与萌生。（见图5-10）

图 5-10 潮汕工夫茶事 徐向东供图

一场白雪覆盖着大地，则让大地上的一切东西都简化成一片空白又空旷的美景，某种程度上就是白雪给予大地美景的简约方式，沐浴在一片洁白、纯静的强光幻影之中，会格外让人身临其境，因为白雪"在回应无限丰富的现实时，都极大地丰富了它自身"[25]。很显然，白釉色素有"白如玉""肌如冰雪"之称，不只具有象征纯洁、明亮之美意，也"容易激起人对纯真天性、高尚人格的联想和仰慕"[26]，还富有"空故纳万境"的纯净、空灵之美境，给予茶桌物件之美的恬静空远与洁净优雅，同时留有更多茶人静观玩味方式，则也赋予了"一即多"的色彩花样之人工创造可能的形式与内容。譬如，各种花纹绘饰的茶具（杯、碗、壶），看似为青花、五彩、粉彩工艺手法所装饰的民族典型性符号图像，实则是在白釉胎体所进行再人工花色的样式，换言之，就是白釉色的器物易让众人产生"物白空多"之美的杂生欲念，从而滋生了器色的花哨样式。久而久之，茶桌上堆积着琳琅满目的器物花样，那么茶主人便再会喜好如自然大地需一场大雪沐浴着的洁白静色，又回归于"爱如始初的物色境趣"，或许这就是白釉色的生命伟大意义。（见图5-11）

或许对茶人来说，茶汁是现实生活中最富有自然之美的物色，相应地白釉色的茶器是最衬托汁色的物件，而其白釉质色又是最简洁又高级的极静色，常常就被他们视为直观性品赏美味汁色的器皿物色。当然，它也是贴近、亲和我们的物色，也更易给予茶汁汤色的一种幻影"痕迹"，并且直观性反映出"这种痕迹使我们高兴和激动，因为它使我们想起真正属于我们的东西"[27]。

触美
—
玩用赏器

图 5-11　镏金装饰茶盏　白明制

换言之，白釉色是极其自然、简朴、本真的物色，又是极易烧成的肌质釉色，并已被陶瓷工厂视为最稳定烧制的产品样式；则之，其白釉色茶器也就早已被民众视为"物美价廉"之物件，自然便是众人品茶极易持有的东西。某种意义上讲，它能纯粹、直观性显现茶汁物色，又能在最真情实意地品赏茶汤美味的同时，感受"幸福所需要的条件越来越微不足道，而且我们越来越善于在生活和心灵中为幸福留出一片天地"[28]。因为白釉色的茶器物件，直接性又亲和性地给予了我们的感知洞察力与美趣兴奋点，它更易于唤起我们审美微妙的情感与兴趣，也易让我们善于认识美物的意义和轻轻享有美物的惬意。

事实上，白色物件常常也被视为我们生活器物花里胡哨的提醒物色，而"这种美是如此丰盈，以至征服或占领了人心，将其带入了一种沉静状态"[29]。显然，而让我们处于一种沉静状态，不外乎就是其物色的形式美感能赋予视觉经验感知的一种自我心理情境，并又反哺于我们日常茶器样式，走上成熟美的一种"由外至内"物境方式，也是回应茶事"静观玩味"的高级化趣境。可见，茶器物件的白色，既给予了美的初始与萌生状态，又给予了美的亲善与兴趣特性，还更多给予了茶主人对美的创造想象力与若干可能性；则之，它会不断地细化和提升了"茶颜悦色"的审美叙事性与诗意性，便也渐行了器美物色的用意与静意，并也深深地反映"被'直接'唤起的情感，无疑可用来增强更多认知上的复杂情感"[30]，从而又增强了大众对它的敬畏与亲近。

触美
—
玩用赏器

纵然观知，这也恰是形、色简洁的白釉色茶器久留人心的原因所在。（见图5-12）

另一方面，寂静的黑釉色。无论以何种物色的器物样式来以审美愉快为目的的"静"生，黑釉色是介入茶饮"静观玩味"的多种方式中的一种极深沉又极寂静之器色，会更多地"固执于它们自然的完满状态的内在倾向性"[31]，来达到极其理性又自然的圆满性与孤寂性。通常来说，在民众生活的审美感知经验中，黑色具有极强性的象征"死寂"之色，也是极深沉、无明亮的重色，又是让人捉摸不透的暗色。显而易见，其色给予人们感知经验的过于强烈的物喻表征意义，有可能正是它不受众人喜好的日常茶器物色之重要因素，某种程度上就不是民众习癖之物色。诚然，黑釉色的茶盏、茶碗、茶壶，倘若会给予我们一种凋萎感伤的话，自然就会伴生着孤独、流逝、空寂的审美认知经验产生，那么茶人便会自觉自性地进入懂得虔敬美物的生命意义，即"惜物如命"的茶精神，从而会深邃茶的静赏思虑与冥想体味。显然，如此之境意，离不开其器皿的黑色隐藏了"物喻境生"的感知双重性与自我超越性。

诚然，不同的文化会有不同的方式来偏好物件的某种颜色，喜好黑釉色的物件，或多或少是一种文化习惯的显露。其实，这种喜好的背后就是对物色的一种虔敬信念，那么这种虔敬会让人自觉自性地将其物色视为一种渴望的工艺样式。正如日本茶道中为何虔敬黑釉色茶碗一样，某种程度上，黑色是对自然世界的回应，同时，也是对茶汁敬仰精神的回应，便也就是对茶器物色所积累出的生活象征用意的回应。则之，当茶人在使用它时，其物色的那种静寂、幽远又敦厚、深沉之余意，便会给予"他们目光传递出的那种善解人意之情"[32]，以及内省自我"在于无欲之后对余下事物的体喻和欣赏"[33]。显然，现代中国的茶式与唐宋样式完全不一样，讲究工夫茶的冲泡方式，也改变了茶器物色的工艺花色。如今，虽有一部分茶人在玩味宋代点茶，但更多的是作为中国茶艺的表演性意义来承传一种茶文化的经典而言，那么黑釉色的茶器自然就是赋予历史古色的一件物品。反而，黑釉色的茶盏、茶碗常常被茶人视为喝绿茶、老茶的器皿，特别是器内漂浮着数根绿绿嫩叶，颇有品饮惬意与赏心悦目的生活习茶境趣。

黑釉色常常会给予物件之美以单一、深沉但又统一、寂静，同时，它又能为美的生活趣境提供新生的力量与可能，也激发着茶人对其"茶颜器式"的凝思和赞美。某种程度上，它凝聚了"某种单一的形式，可以产生出所有已知的结构"[34]，从而在一片静寂之地寻求美的律则与信念。尽管茶桌上有许多花色的茶器物件，但这些物品会逐渐成了茶人空间环境作用的结果，并在其上面留下使用的生活痕迹，更多会显露出其岁月昭示的用与美。反而，黑釉色的器物，看似混杂了其他各种物质的变化状态，但仍然处于一种永恒静谧又耐人寻味的回应方式，又有一些让茶人去不断地加深触摸与玩味的生活用意来反哺于自我赏观的一种洞见与兴趣。譬如，兔毫油滴的茶盏，依旧仿宋的黑盏工艺样式，保留着人工古色的一层微光的同时，仍存在着一种抚摩的兴趣与玩味的兴奋，尤其是在光影与汤色的作用下，其壁内釉质流畅的道道毫丝条纹或者点点油滴形状，会令人神往并体味与欣赏它们既多又美的釉色，沉浸于其微光奥妙的变化，同时又会抹上了物色的想象力与神秘感，也便会让我们更多地沉寂、冥想来靠近宇宙星空的生命感知。（见图5-13）换言之，黑釉色看似色调暗沉又单调，但其釉彩闪烁光斑的肌质，则易触发着茶人感知其物色的细微之处，并被这些细微的肌质纹理，又会深深地抓住自我的注意力，去静观、沉思它的平凡深度与余生力量。

图 5-13 油滴黑茶盏　曹阳制

四
合的和气

陶瓷釉色是由釉料化学成分经窑火的烧结所形成器物胎体表面上的玻璃状肌质美色。当然，其釉色也会在原有矿料成分的产地、烧成工艺方法以及地域环境等综合因素发生微差变化的同时，又随着民众茶事喜好的物色特点，来进行器物釉色的种种工艺承传与创新。显然，黑白色作为器物花色的一种有美之"静谧"意味的使用方式的同时，理应以"适时而变"的茶事生活用意来不断地演绎原本固有物色的种种工艺方式，从而焕发其色的审美趣味与玩味样式，才会有其美色的魅力新生。换言之，器用生活的方式不只塑造了时代工艺的样式，还不断地丰富又成熟美的一种形式与内容，并潜移默化地教化着我们审美感知经验的变得更高深、悠远的同时，又反哺于我们"依茶择器"的叙事时代化与审美高级化。

尽管黑白釉色虽有某种审美内在"永恒静谧"与"深邃沉寂"的力量，但也需有其审美的时空维度来显现其超然的生命。因为"其生活样式常藏有弹力，决不能视为固定而胶着不动的模型"[35]，某种意义上，黑白釉色的茶器样式需要在生活茶事方式中常加以再构成物色的工艺理念来更新、契时，即为"传统之中，则能含有更新的意识，能够一面随着传统以更新传统"[36]。倘若我们仍然一味地沉浸于传统物式工艺的黑白釉色世界里，则他们迟早会是形成一种物色贪欲的偏执，也就会形成泥古不化的审美习癖，那么这种物色之美的生活意义已变成"古董式"珍藏品，脱离了其本身的生活用意，更不是茶器釉色美之道。可见，这些迷恋黑白釉色的传统习好者，或许显露出他们有泥古或恋旧的审美情结，同时，还有更多深层地的信念"他们的智慧是有限的，而传统中则充满了智慧，因为传统是祖先们的理智和经验的结晶"[37]。

当然，时代不会因部分人的泥古传统样式而停滞着美的器物花色与时俱进，那么黑白釉色也不例外。因为任何物色之美的伟大意义与存在方式，都是统筹于"时代是超越个人的，所有的个人都被包摄在时代之中"[38]的生活器物世界。则之，黑白釉色的器式花样更新理念，无论从器制物质材料和工艺手段上，还是从器物之用与美的认知经验上，都是基于茶事"中和之美"的物色方式来实现其"创造性的综合和综合中后创造"的器用方式，实际上走上器物工艺美学之"合"的一种更新观念，来深掘与细化"黑与白"中间灰度区域的若干可能性，同时由单向性至双向性的颜色组合与空间重构来体现"黑白"物色的多种搭配方式，譬如茶杯、茶碗的内白外黑或者内白外彩，还有白色的杯盏与黑色的盏托组合，以及黑色的壶体与白色的壶盖组合，等等。显而易见，黑白釉色的二重性色彩性质，不只丰富了器皿物件单色的单调性和圆满性，还保持着其物色的平静性和纯净性，且又高级化了大众玩味的器物形式，也更加深远、精细了黑白釉色之美的工艺多样性与创造性。况且，黑白釉色的茶器又能调和、均衡器物空间环境的花哨物色，自然能生光辉、有情韵的高级物色，从而"使一般人民都能在日常生活中时时接触趣味高超、形制优美的物质环境"[39]。（见图5-14）

触美
一
玩用赏器

图 5—14　柴烧志野茶碗　袁乐辉制

　　首先，物色共生的融他性。黑白为明暗两极的素色，看似釉色简单，但其单纯、柔和、平静之色，且赋予了器物形色的简洁、洗练、纯朴之美，又更多地弱化了人工过度的雕琢花饰。那么，其物件的工艺样式，自然就富有内敛、含蓄之美的视觉感受，无论从其物色的视觉刺激程度上，还是从其物色的物质环境协调上，以及从其物色的心理情感接受度上，都易介入他者空间的平和性与适宜性。而恰恰正人类审美感知的长期经验总结，黑白釉色的茶器自然就会被大众喝茶者视为最和谐、最善意的物件，因为无论在什么花色样式的器物世界中还是在各式风格的茶桌上，都不会让人们觉得有点不适或者怪异。反而久放静置于某处，我们愈加会觉得它散发出一种美的亲和力。某种意义上来说，正是黑白釉色的物件，凝聚了一种"温柔敦厚"又"平静和气"的美学意蕴，才会有融他者物色的存在形式与内容样式，才能持久着其物色之美的深度与力量，即也是自然融洽"美"与"色"的最佳物色。（见图 5-15）

事实上，日常茶器中白釉样式蛮寻常多见。伴随生活茶事的仪式感渐浓的同时，喝茶者对茶与器所构成的物质环境空间关系也渐被艺术精神化了，便也深化器之用与美的种种形式，更是走上品茶赏器的一种"多样化又统一"的物色美意。显而易见，近些年来茶人较为讲究茶席美学的演绎，细化了茶器的各种材质、物色的空间色彩关系，无论从金属材质的铜、锡托、竹木材质的漆托、纺织材质的布托等放置白釉茶杯等方式来看，还是从白釉色壶承放置紫砂壶或者黑釉色壶承放置白釉色壶以及朱红木漆盏托放置黑白釉色盏等方式来看，都是黑白釉色走上融合他者物质色彩的重要显现，又体现出日常茶艺的精致、优雅、生意之文心趣境，某种程度上也是拓宽了黑白釉色的茶器物件组合所表现出美的生活方式与工艺样式。

其次，物色玩味的高级性。黑釉色的器物从远古其貌不扬的棕褐色粗陶罐发展至今的酱褐黑、紫金黑、乌金黑、乌光黑等各类生活器，到后来被日本命名出富有高级生命感的天目釉，自然也就从卑微之物色向高尚之物色的华丽化生。事实上，蔡襄曾在《茶录》中言："茶色白，宜黑盛"，黑釉色茶者早已被视为文人墨客叙茶的高雅又高贵之物色。当然，一种物件花色，如从"雅"的深意向"俗"的喜乐之审美兴趣靠近的话，很容易较为变得花里

图 5-15 捏雕梅花黑釉壶 严卫恩作

胡哨的样式，也便会带有"世俗化"的趣境去融入些喜闻乐见类的花花草草等图案纹样之类的东西，来寻求其物色之美的美好性与圆满性，自然而然富有了浓厚的"俗"味与"艳"气。事实上，对于大多数喝茶者来说，早已形成了流于表面的花色纹理观念来评判其物色的漂亮工艺，却不会更多去探究其更深的形与色之理。于是，他们便会带有"乡野习气之人，无论你把他放到哪儿，他的为人处世也是家乡做派"[40]的审美经验来"择色选器"的物件花样。

当然，黑白釉色的物件花色，在众人眼里看似平常又不起眼的物色，但其"静"意味着"所有的事物都等待着在善感好思之人的心中唤起愉悦感"[41]，这便是物美人心的高级化始起与玩味。正如近些年来，中国茶器从"粗糙型"向"精致型"的工艺花色渐进与成熟，也提升了黑白釉色的高级化玩味方式。譬如从其紫金口的装饰工艺方面来看，在白釉色的茶器（杯、碗、罐、洗等）口沿部位添加一道紫金色釉的线条，无论是在器物的形色组合秩序方面，还是在器物的内外结构空间方面，都大大地提升了器物之美的精、气、神，但仍在其纯净、安静境意中流露出一道平和的口圈线，也加强了器色之"外与内"的视觉纵深感。另外，紫金色釉略带褐黄、亚光，没有黄金色那么灿烂、辉光，且给予单调、恬静的白釉色富有了形与色的微妙层次感。诚然，外彩内白的釉色茶杯，虽有点"俗"味了洁纯的白釉色，但又"雅"意了红、黄、蓝、绿、紫等釉色，还丰满了物美的"茶颜悦色"之生活趣境，也更体现出茶的"静品雅赏"之乐生。

触美
一
玩用赏器

接着，物色工艺的自然性。当人造品的物件花色越贴近亲和的自然性，也就越流露出美的用意与生意。反之，越有自然性的工艺样式，才会越有物色的单纯善意与质朴虔诚，因为"单纯也是质朴之德，质朴的器物是受到自然之恩惠的，美在这里与之相融是自然的理念"[42]。则之，黑白釉色虽为极其单纯、质朴之色，但又会给予众人极其简单、单调之色，久而久之，其物色"一旦在制作美的器物时失去信心，美就失去了深度"[43]，那么花哨的物色便会杂生于其黑白釉色的茶器里。换个角度来看，这个时代本身就是生活于色彩花哨的器物世界，就难免会掺杂进去"奇技淫巧"的工艺方式来丰富变化其黑白釉色的茶器样式，但这样的方式所呈现出复杂、迂回又刻意、纤弱的美物而已罢了，因为"技巧上的精心或精密并不直接等于美，在很多情况下却是削弱美的原因"[44]。

或许在茶器匠工眼中，黑釉色的变化可以添加各种化工色彩发色剂，不只可打破其原有自然色的单调、沉闷黑彩，还可有焕然一新的炫丽效果。譬如黑釉油滴盏，比起传统样式的物色，色彩斑斓的花哨感极强，尤其是各种金属氧化物的添加，看似丰富了黑釉色的炫耀金属光泽感，细化了釉质肌层的各种晶彩颜色，实则强化了人们视觉感知的刺激程度和喧哗色欲，某程度上破坏了黑釉色的极平静、极沉寂的自然美。另外，木叶黑盏的创新工艺也存在了同样的问题，虽其承传着过往利用一两片干桑叶放入黑釉盏中烧制成的工艺技艺经验，也从过去的单一树叶种类发展为桑叶、菩提叶等其他种类，但是这些木叶黑盏制作者，为了木叶的叶脉纹理能在黑釉色形成各式花样的变化，会过多地在制作干燥的桑叶或菩提叶添加各种着色物，如添加氧化钴会烧制成蓝叶片、氧化锰会烧制成紫叶片以及喷雾些高温红色料会烧制成红叶片，等等。很明显地，此类木叶黑盏看似较为创新的物色样式，颜色则充满了过多的人工干预，自然就违背了一片树叶若隐若现于黑釉盏心。与此同时，它也难以让茶人静观享受茶汤幻影下的"一叶知秋"遐思与诗意。

倘若有艺术家懂得黑釉色的高级玩味美的话，那么他便也就明白黑釉色的工艺自然性。诚然，白磊老师虽是我的恩师，平日私下聊天，便也会倾力倾为地指教我如何去做好陶艺和茶碗之事，但他不只是一位优秀的艺术家，更是国内杰出一位创制茶碗者。特别是近期，他创制了许多黑釉色的茶碗，无论从其器型的造型、比例、大小、稳重方面还是从其器体的泥质肌理、手捏痕迹、质地粗细方面，都体现出概括洗练、自然轻松又流畅生动之美感，特别是在黑釉色的覆盖下，利用不同的烧制温度与气氛，来呈现出釉质半玻化状态下所形成乌光黑色的柔和、细腻；与此同时，釉质流淌着其随手捏、揉、搓、挤压胎泥所形成的表层肌理纹路上面，从而形成自然厚薄不均的黑釉变化层次感，表现出一种穿越时空的古色又富有一种自然纯朴的寻常和高贵静寂的生气，恰恰就是体现出其物色工艺的自然性与纯粹性。（见图5-16、5-17）

最后，物色空间的可能性。朱光潜曾在《谈美》中所言："物的意蕴深浅和人的性分密切相关。深人所见于物者亦深，浅人所见于物者亦浅[45]。"

图 5-16 黑釉茶碗　白磊制

图 5-17 黑釉茶碗　白磊制

显而易见，此言表明了赏观物色的"人与物"空间关系，那么无洞察远见之人，自然只是关注美之静态的形色意义，不会注视美之动态的空间方式。倘若我们用"时空"的物色概念去领悟黑白色的茶器，自然就理解"空"与"色"所构成物质空间双重性与周期性关系，便也就明白物色之美的生命方式与存在可能。因为任何茶器物色的变化样式，从时间概念上来看，那它承载着由"过去的古味"向"现在的今生"之物色空间样式的流变，从环境概念上来看，则它又肩负着由"自我的本色"向"融他的合色"之物生空间样式的渐变，这也是一种器件物色之美的自然变迁轨迹，蕴藏着一种釉色工艺的生命史和一个时代茶式的潮流。或许黑白釉色之美的空间意义，就是体现出"中国人不是向无边空间作无限制的追求，而是'留得无边在'，低徊之，玩味之"[46]的虚实相生境界。

就拿"围炉夜话"这个有生活空间意味之茶事来说，无论从煮茶器的花色样式还是从其煮茶壶的工艺技术上，都大大地提升了器物"形与色"的精致度与观赏美，也改进了其急冷急热的耐高温性与久用性。与此同时，煮茶的方式，从以前烧木柴、木炭改进为电炉发热，茶壶与炉子也成为一体性的器物花色。诚然，煮茶壶的设计样式看似从乡土风味至文雅趣味的创新，实则少了些人间烟火味的自然纯朴美，或许也就是我们使用它的概率极低之重要原因。尤其是有时候煮老白茶，在木炭火的燃烧下，选用白釉色茶壶这种器物叙事没有像黑釉色茶壶煮茶那么具有强烈的民间乡土气息，也缺乏一种火烧痕迹的质朴、厚重、沧桑岁月感；反而其白釉色在火熏下格外不自然、易显脏。事实上，任何茶器的形式与内容需要围绕茶事的民族情结与生活用意来展现其美的空间方式，才有趣有味。

当生活器物贵于"美不在于形式，而在于所表现的意味"[47] 的同时，它也重于其"真美映现在心灵之镜上"[48] 的静谧和生，又将生命美学意义的自我启悟融为一体。正因物件的花色会孕育着生之力的萌动与感发，那么白色则会给予我们富有由"极少"向"极多"之色的始向，而黑色则会由"极多"向"极少"之色的趁向，与铃木大拙所讲"一即多，多即一"的禅理不谋而合。同时，黑白之色的器物肌质，不只有素净、平淡的美感，还给予了我们易身临于"在拈花微笑里领悟色相中微妙至深的禅境"[49]，更赋予了我们深层次地静穆的观照与心灵的感悟，并寄托着自我境界的无尽深远。

总而言之，物件之色，无论"黑"还"白"都蕴含了美之"色即是空，空即是色"的辩证哲理，即也反映出美的生命节奏与空间始终之境生关系，更是构成物色之美的二元性与时空性。同时，它又凝聚了美"一切在此中生长流动，具有节奏与和谐"的融合性与调和性。或许黑白釉色的茶器，看似为永恒静谧之素色，实则为安静永生之美色，自然会被视为茶人高级的心物，成为贵在其美境"并没有完全静的沉寂，又没有完全动的萌生"，且生生不息，也昭示着人类生活叙事"过去—现在—未来"的生命美学。

注释

[1] [美] 罗伯特·亨利 . 艺术的精神 [M]. 张心童，译 . 杭州：浙江人民美术出版社，2018，第 153 页 .

[2] [美] 丹尼斯·J. 斯波勒 . 感知艺术 [M]. 史梦阳，译 . 北京：中信出版集团，2016，第 45 页 .

[3] 李海燕著 . 光于色：从笛卡儿到梅洛 – 庞蒂 [M]. 成都：四川人民出版社，2018，第 158 页 .

[4] [美] 克里斯平·萨特韦尔 . 美的六种命名 [M]. 郑从容，译 . 南京：南京大学出版社，2019，第 137 页 .

[5] [美] 克里斯平·萨特韦尔 . 美的六种命名 [M]. 郑从容，译 . 南京：南京大学出版社，2019，第 6 页 .

[6] [美] 克里斯平·萨特韦尔 . 美的六种命名 [M]. 郑从容，译 . 南京：南京大学出版社，2019，第 111 页 .

[7] [美] 克里斯平·萨特韦尔 . 美的六种命名 [M]. 郑从容，译 . 南京：南京大学出版社，2019，第 161 页 .

[8] [美] 罗伯特·亨利 . 艺术的精神 [M]. 张心童，译 . 杭州：浙江人民美术出版社，2018，第 104 页 .

[9] [美] 克里斯平·萨特韦尔 . 美的六种命名 [M]. 郑从容，译 . 南京：南京大学出版社，2019，第 129 页 .

[10] [美] 彼得·基维主编 . 美学指南 [M]. 彭锋，译 . 南京：南京大学出版社，2018，第 280 页 .

[11] [美] 彼得·基维主编 . 美学指南 [M]. 彭锋，译 . 南京：南京大学出版社，2018，第 281 页 .

[12] [美] 彼得·基维主编 . 美学指南 [M]. 彭锋，译 . 南京：南京大学出版社，2018，第 280 页 .

[13] [日] 黑田鹏信 . 艺术学纲要 [M]. 俞寄凡，译 . 南京：江苏美术出版社，2010，第 75 页 .

[14] [美] 丹尼斯·J. 斯波勒 . 感知艺术 [M]. 史梦阳，译 . 北京：中信

出版集团，2016，第 232 页 .

[15] [美] 丹尼斯·J. 斯波勒 . 感知艺术 [M]. 史梦阳，译 . 北京：中信出版集团，2016，第 230 页 .

[16] [美] 克里斯平·萨特韦尔 . 美的六种命名 [M]. 郑从容，译 . 南京：南京大学出版社，2019，第 135 页 .

[17] [美] 罗伯特·亨利 . 艺术的精神 [M]. 张心童，译 . 杭州：浙江人民美术出版社，2018，第 139 页 .

[18] 宗白华 . 宗白华讲美学 [M]. 成都：四川美术出版社，2019，第 366 页 .

[19] 宗白华 . 宗白华讲美学 [M]. 成都：四川美术出版社，2019，第 310 页 .

[20] [美] 罗伯特·亨利 . 艺术的精神 [M]. 张心童，译 . 杭州：浙江人民美术出版社，2018，第 139 页 .

[21] [美] 克里斯平·萨特韦尔 . 美的六种命名 [M]. 郑从容，译 . 南京：南京大学出版社，2019，第 114 页 .

[22] [美] 罗伯特·亨利 . 艺术的精神 [M]. 张心童，译 . 杭州：浙江人民美术出版社，2018，第 138 页 .

[23] [美] 彼得·基维主编 . 美学指南 [M]. 彭锋，译 . 南京：南京大学出版社，2018，第 66 页 .

[24] [美] 克里斯平·萨特韦尔 . 美的六种命名 [M]. 郑从容，译 . 南京：南京大学出版社，2019，第 106 页 .

[25] [美] 克里斯平·萨特韦尔 . 美的六种命名 [M]. 郑从容，译 . 南京：南京大学出版社，2019，第 110 页 .

[26] 梁一儒、户晓辉、宫承波 . 中国人审美心理研究 [M]. 济南：山东人民美术出版社，2002，第 93 页 .

[27] [美] 彼得·基维主编 . 美学指南 [M]. 彭锋，译 . 南京：南京大学出版社，2018，第 280 页 .

[28] [法] 克里斯托夫·安德烈 . 幸福的艺术 [M]. 司徒双、完永祥、司徒完满，译 . 北京：生活·读书·新知三联书店，2008，第 161 页 .

[29] [美] 克里斯平·萨特韦尔 . 美的六种命名 [M]. 郑从容，译 . 南京：南京大学出版社，2019，第 62 页 .

[30] [美] 彼得·基维主编 . 美学指南 [M]. 彭锋，译 . 南京：南京大学出版社，2018，第 158 页 .

[31] [美] 彼得·基维主编 . 美学指南 [M]. 彭锋，译 . 南京：南京大学出版社，2018，第 314 页 .

[32] [美] 克里斯平·萨特韦尔 . 美的六种命名 [M]. 郑从容，译 . 南京：南京大学出版社，2019，第 137 页 .

[33] [美] 克里斯平·萨特韦尔 . 美的六种命名 [M]. 郑从容，译 . 南京：南京大学出版社，2019，第 137 页 .

[34] [美] 克里斯平·萨特韦尔 . 美的六种命名 [M]. 郑从容，译 . 南京：南京大学出版社，2019，第 105 页 .

[35] 徐复观著 . 论文化（一）[M]. 北京：九州出版社，2016，第 142 页 .

[36] 徐复观著 . 论文化（一）[M]. 北京：九州出版社，2016，第 142 页 .

[37] [日] 柳宗悦 . 工艺文化 [M]. 徐艺乙，译 . 桂林：广西师范大学出版社，2006，第 115 页 .

[38] [日] 柳宗悦 . 工艺文化 [M]. 徐艺乙，译 . 桂林：广西师范大学出版社，2006，第 117 页 .

[39] 宗白华 . 宗白华讲美学 [M]. 成都：四川美术出版社，2019，第 512 页 .

[40] [美] 罗伯特·亨利 . 艺术的精神 [M]. 张心童，译 . 杭州：浙江人民美术出版社，2018，第 108 页 .

[41] [美] 罗伯特·亨利 . 艺术的精神 [M]. 张心童，译 . 杭州：浙江人民美术出版社，2018，第 56 页 .

[42] [日] 柳宗悦. 工艺文化 [M]. 徐艺乙，译. 桂林：广西师范大学出版社，2006，第 130 页.

[43] [日] 柳宗悦. 工艺文化 [M]. 徐艺乙，译. 桂林：广西师范大学出版社，2006，第 116 页.

[44] [日] 柳宗悦. 工艺之道 [M]. 徐艺艺，译. 桂林: 广西师范大学出版社，2011，第 214 页.

[45] 朱光潜. 谈美 [M]. 北京：作家出版社，2018，第 29 页.

[46] 宗白华. 宗白华讲美学 [M]. 成都：四川美术出版社，2019，第 165 页.

[47] [日] 铃木大拙. 铃木大拙说禅 [M]. 张石，译. 杭州: 浙江大学出版社，2013，第 72 页.

[48] [日] 铃木大拙. 铃木大拙说禅 [M]. 张石，译. 杭州: 浙江大学出版社，2013，第 72 页.

[49] 宗白华. 宗白华讲美学 [M]. 成都：四川美术出版社，2019，第 98 页.

境趣后生

茶事，将我们日常的生活方式赋予一种喜好的意义与情趣，同时也给予一种清静的享乐与闲余，自然而然地始上闲乐、品饮的理性场感与玩味秩序，便也进入"物我相生"的器件嗜好世界。

茶事，将我们日常的生活方式赋予一种喜好的意义与情趣，同时也给予一种清静的享乐与闲余，自然而然地始向闲乐、品饮的理性场感与玩味秩序，便也进入"物我相生"的器件嗜好世界。显然，茶之生活的伟大意义，即从"由物渐我"的物境至"有我待物"的心境来富有生活美的形式与内容和品赏美的信仰与叙事。那么，茶桌上的器具物件，伴随生活日积月累的沏茶使用与触摸，自然会留下茶主人善待器物的时间痕迹与记录方式。恰恰正是这些物件反映出人与物的耦合关系，某种程度上看，这就是美学"天、地、人"的和谐相生之道理。

266

时间的见证

　　喜好，不只反映出一个人的待物个性，还体现出一个人的善物灵性。另外，它叙述着茶人对美物的触碰时间与玩味深浅。因为时间的说服力见证着我们在生活中追求物性美心的本真、本色、本味。或许在大数人的茶室空间里，无论在方格架子上还是在茶桌上，摆放着各式各样的茶器（壶、碗、杯、盏等），不只让我们感觉到琳琅满目的器物世界，还见证着茶人对这些物件由少渐多的积攒过程。因茶成为大众生活的日常嗜好与习性，久而久之，这种寻常行为的方式便渐浓茶人对茶器的丰富择取与时间变换，从而来细化茶汁玩味的口感芬香与精善茶具美用的宜人悦目。

　　诚然，生活常用"时间是岁月的一把刀"来形容人渐长渐老；换个角度来说，以"时间也是善物的一盏灯"来比喻茶器的渐用渐美。其实，茶器看似为日常沏茶品饮的器皿，实则为器之"用与美"的和谐体现，同时也保障了人对它们的肯定价值与留用意义。显然，这些器皿，随着用的时间渐进，自然会留下茶人的触碰痕迹与喜好样式，显现出持久美的魅力。反之，正是时间见证了它留在茶桌上的美学功能与生活精神，即也是"器用之道"渐向"物我相生"的生活玩味与审美始因。事实上，伴随我们生活日常的茶器无数，每年每月都会更新些茶桌上的物件，或因器具的老旧、破损问题，又或是因茶人的审美、兴趣等特性，自然而然会扔掉些无关紧要的茶器物件，仅保留下务实于生活茶事的器具。某种意义上看，正是生活的时间检验了物件的意义，也给予了我们筛选茶器的工艺方式，从而完善着我们善美待物的生活趣境。与此同时，生活的时间也叙事了物趣横生之道，又记录了生活茶事的择"用"尚"美"之思想与观念。换言之，能经得起时间历练的物件，自然就会是我们生活之中最美的茶器，由各种各样的美丽众生始向一物常用的久留情怀，也就有了器物用于生活之"好"与"美"的自我评判。另外，随之"依茶择器"的生活用意与时间观念，便顺理成章地形成了我们对茶器的更新希望与淘汰欲望。（见图 6-1）

一方面，美物的意义，在于我们如何去打理与更新。或许时间会告诉我们生活样式"在一个静止点捕捉到历史的进程"[1]。随之而来的是我们会便加懂得如何去精善自己的生活物件，打理茶室空间的器具，精留适用宜人的美器，同时又会更新些时髦类的茶器。换言之，这种生活审美的玩味方式，看似周而复始地择取茶器物件的时代样式，实则是茶事文化的螺旋式渐进发展。从另一层面来看，伴随科学技术的革新与设计，自然也渐浓了我们"以人为本"的生活消费欲望与"质文代变"的时代创新理念，愈加渐进了人们喜新厌旧的审美心理与生活样式，并根植于我们对待日常物件之美的时代效用与观念更新。

茶器，作为我们日常品饮、沏茶所用的器物，也是生活最寻常、实用又值得玩味、触摸的东西。当然，它们看似为大众化需求的物件，实则为艺术化生活的美器，自然而然会陶养茶人"格物知美"的审美情境与"择物鸣心"的体悟美境，从而渐进了我们无止境的喜好与把玩之生活趣境。随着地方茗

触美
—
玩用赏器

图 6-1 茶叶末釉色茶器　陈伟制

茶种类的丰富，渐行了"依茶择器"的细化样式，沏冲、泡茶的器具也相继丰富起来。换个角度来看，正是生活茶事的种种样式与器物创制的种种翻新，以"美"的玩味与享受之器物方式教化了我们如何去花样年华；某种程度上，恰恰是生活美的信仰带来无穷尽的快感，会变化着我们看待这个世界"一物万象"的审美方式，也就情不自禁地喜欢五花八门的器物世界。或许如今消费时代的生活意义，其本身的叙事方式就是持有"我们会短暂感受到快感，但不会永远持续"[2]的美学观念。这样生活时间久了，茶桌上就会堆积着琳琅满目的茶器物件。

对多数人而言，平时我们并不会在意茶桌上这些形形色色的器物，但是积少成多的美器会左右茶桌的空间大小问题。当然，再好看的茶器，堆积在一起，也会造成茶桌上的拥挤感与不便性。显然，这样饮茶的空间样貌，会影响品茶的生活情境：秩序与美意，也就贫弱了我们品饮观赏的悦目与悦心；相反，我们在喜好琳琅满目的生活器物的同时，自然会让茶桌滋生杂乱无章的茶器堆积。久而久之，生活美的和谐秩序感自然会教化我们从繁杂的堆积走向简单的精致，理性地思考"品茶与器用"的美学关系，重新去精设茶桌上的各类物件，也是告诫自己需要去"打理"生活之道。可见，打理茶桌上器具物件的过程，就是对我相伴的茶事器物喜好的选留方式，也就是个人审美特点的精简、提升。显然，茶桌物件的打理过程就是其空间秩序之美的一种精简与取舍方式，从而才有针对性、条理化地去删繁、从简、务实功用美

触美
一
玩用赏器

图 6-2 彩绘白瓷盖碗　邹华绘制

学，来重新整理茶器物件的用与美的谐和关系。事实上，多半繁满艳丽、雕琢奢华的茶杯、茶壶、盖碗类器皿，看似易吸引我们的视觉感官，实则容易疲倦我们的视觉感能，自然便会被筛选、精选；相反，那些纯粹、好用的器皿，最能体现出它的生活用途，也就持有久留于茶桌的审美价值。换言之，物美的浮华、绚烂也易走向物用的纤弱、花哨；久而久之，这样的茶器并未给予我们更多久用性与踏实感，因贫瘠之用的茶器与生活之美的距离远了，迟早会被茶人淘汰掉。显而易见，对茶器物件定时的生活打理，就是有选择地谋求这些东西的实用性、宜人性、耐看性之功用价值与观赏意义，也让我们品茶更贴近生活器用之道，弱化奢华、精奇的东西来掺杂"用"之美的宜人健实。事实上，对茶桌上各类物件进行打理，不只塑造了我们当时品茶用器的最初印象，还营造出一个抚慰人心又井然有序的茶事背景。（见图 6-2）

　　可回想一下，现实生活中的大多数茶人，也会像我一样地嗜好玩赏，每日好茶的同时，也爱器的丰富多样，在茶桌上不断地添增各种工艺样式的茶杯、茶碗；久而久之，这些五花八门的物件就会堆积成山，相应地也会疲劳自己的审美立场与风格，某种意义上来说，潮流美学的新鲜感、吸引力、消费观，会令人好奇并且产生欲望，还会卷入没有主见的审美感知与抉择，自然就会走向茶器的"好多且杂生"世界。其实，对茶桌上的物件收拾的过程，就是对自己喜好的删减过程，特别是把鲜艳、亮丽、奢华类的茶杯收起、放入柜子里，仅作为珍藏的纪念品；与此同时，我会更多保留些简单、纯粹的茶器，无论在其造型、装饰、色彩上还是工艺特点上都更贴近其美的实用性、清爽性、优雅性。换个角度来看，这次的物件打理虽给了茶事空间的纯净、清静又有容乃大，但保留下了自己下次能增添茶器物件的拥有空间，或许这种生活打理的循环意义，就是享受幸福玩味的趣境与乐生，也就是美与欲的伟大魅力，更是时间叙事的力量与浮光片影的存在。显然，时间让我们学会维护美的物件以井然有序，于是日常生活品茶又重新充满了小小的惬意与优雅，并会自然地更新茶桌上的新茶杯、茶碗、茶壶等物件。恰恰"因为在人类心灵的最深处，对幸福的向往毋庸置疑地占据主导地位"[3]，赋予了我们生活玩味的一种憧憬活力，那么人们便会习惯性地给予宽容自己的奖赏理由，即以更新的方式对待物件的兴趣来慰藉自我的快乐与营造有我的场景。换言之，这就是反映出器用生活之道："多会求少"的精简和"少会积多"的添加之"物我相生"的辩证统一思想。故美物的意义，贵在人的打理，同时又重在人的更新，唯有如此才会焕发出我们向前的力量与创新的动力。（见图6-3）

触美
—
玩用赏器

图 6-3 日常茶颜器式

假如生活没有更新的叙事意义的话，那么任何美的东西都会静止在某种记忆印象中，或者演变成一种传统的工艺样式与文化属性。因为任何生活器具的样式，都是在民族总体文化精神的文明演进过程中而派生出各种各样的物态特点，那么"与时俱进"的更新观念则是促成其样式变化的重要因素。正如徐复观曾说过："其生活样式常藏有弹力，决不能视为固定而胶着不动的模型。"[4]这样，我们才会富有热情去创造民族文化的气力与创新生活样式的活力；某种程度上，生活器物的更新意义就是一种谋求幸福滋味的憧憬。事实上，生活审美样式的种种更新意义，也就是让我们以持有"过去—现在—未来"的时间观念来叙事生活，螺旋式演变为更高级化的享乐情境与文心理想。

茶桌上的器皿物件的打理就意味着有更新的迹象。因为这些东西的打理，既是更好地理顺茶事中的"器用"与"器美"的深层关系，也是去用手触摸、用目赏观、用心体悟的器道哲理，并伴随着一种潜在的更新的生活意识，来承传自己的审美习性和面向时代的生活样式。那么，在我们对日常茶事的打理中，主要有三种方式来更新茶桌上的茶器物件：过旧、跟潮、关爱。

第一，以旧的样式获得更新的客观因素，显然是大众化审美需求的共性特点，并以难以维系"美"的器用生活方式来彻底地淘汰过久的样式，从而去换个新的茶器，尤其是茶杯类器皿更新频率最快。若这些茶器物件在沏茶使用受损后，其器物表层有开裂、破口等残缺问题，影响其美观、功用的话，自然就会有新的物件与之替代，这也是我们最重要的更新原因。

第二，顺从时代的意义，就会让我们感觉到自己的种种喜好方式，没有被这个时代的时尚潮流遗弃，反而会让自己觉得有生活品位的追求与文化美学的自信。或许这就是对美物的信条：时代的潮流与生活的品位都是一种对大众文化的顺从法则。与此同时，随之生活品茶口感与滋味的细化，茶器的造型形态、装饰釉色、工艺特色等样式也因茗茶冲泡方式与留香特点的不同而丰富多样。显然，"依茶择器"的品饮方式，自然会最大化地变换、更新茶具的各种样式；尤其是科学技术的进步，改进了茶之品饮方式的时代样式与生活玩味，就如乌龙茶、武夷岩茶等茗茶的滋味醇香早已精细、微妙化，其沏泡冲饮的器皿也在不断地顺从茶饮的特点去创制与更新。事实上，器用于茶事生活的时代样式，就是顺从生活潮流的审美缩影，也是顺从生活换代的文化演绎。一定程度上来看，反复更新的饮茶器具，更多为顺从时代美学的生活观念与消费喜好。

第三，茶余饭后的待友方式，一定程度上就是要获得任何形式的关爱，从而我们便会有仪式化的秩序与喜好性的物件，来铺陈茶席的一物一式，传达出"诚心诚意"的礼仪与器道。于是，我们自然也会在有意识地打理茶桌器物的同时，抉择茶器的样式与客人的谐和关系，便顺理成章去更新茶器，来示意对友人的信任与尊重。当然，这种关爱让我们学会富有生活的仪式感，去善美相乐于"茶颜器式"叙事情境内，也让自己学会富有物我相生的玩味趣境去犒劳自我的日常生活意义。隔三岔五地更新自己饮茶用器，这恰恰也是重要的生活补偿方式之一，更是高级化地赋予了自我"格物润心"的关爱与内省，或许现在茶器市场流行的主人杯就是最有时代潮流样式的见证。像我的老师白明先生，他既是一位艺术大家，又是一位精善茶人。与茶相伴的同时，又会在平日里创制各类茶碗、茶杯摆放于茶桌上，并且不定期地更换这些茶器；从某种意义来看，就是物件的玩味与喜好，给予了他若干的关爱与意义，才赋予其美的生活品位与气的生活精神。（见图 6-4）其实，当人的精神能与物相感相通，渐向物我相忘相生，自然就会理解美的更新方式，即理解物的花样世界。

另一方面，美物的价值，在于如何有用意与心性。不管茶器的工艺是出自名家之手还是承传宫廷之样，皆具有非同寻常般的美之吸引力与价值性；但它的种种工艺样式一定需要体现在生活之用的美学秩序中，来衡量其正常的标准用意，才会有焕发其美的亲人性与信仰性。正因为有用意的茶器，才会持有平易近人的好感与动心，也才有美的吸引力与感染力，也才是虔诚地"由'用'出发的美可以联想到其他的意义"[5]。

其实，方便饮茶功用的器物，才会让我们产生触摸它们的感知力与好奇心，也才会懂得这些物件的生活用意与玩味，自然而然就会看到美与生活的融洽共存。久之，正是它们的样式适用于生活，才能成为美的日常可靠之物。与此同时，伴随茶人日常的器用与触摸，则也目睹这些茶器物件的功用美意，

图 6-4　青瓷茶洗　白明制

愈加会发现其美的亲和力，便也成熟着我们对美物的鉴赏能力，学会洞察由平凡之物至非凡之美的动人、品赏它。从另一个角度来看，正是"用"的踏实才见"美"的闪现，因为这些茶器像壶、碗、杯等处于日常平凡的劳作中，以健康之美的工艺与保障来体现出它们的价值与意义，从而才会看到这种形式美的内在用意与外在精神。当然，美有多种性质与呈现方式，但茶器之美的用意，就是美之物的虔诚，才会有善之物的各种形式，那么茶桌上的这些物件才有茶人触摸与玩味的存在意义，也有我之生的心性趣境。

当然品茶之事，其美好的滋味与金钱无关，贵在茶人善于在其事理中闪烁最美之物的用意与乐趣，用自己的慧眼去注视日常生活平凡的杯、碗、壶类器皿，才可知自己的双手去触碰这些物件的欲望与意义。这样，我们愿意花费漫长的时光与持有清静的心性来认识这些器物中隐藏的美。某种意义上，对美物的认识不只需要与时间的贴心磨合，还需要虔诚的精心相待，人们才会在司空见惯的杯、碗、壶等器物中留意它们的可贵、细微之处，令人有耳目一新的感觉。正如裂片釉质类的茶器，其所形成金丝铁线的纹理就是美之用意的时间见证。因瓷器的泥料胎体与表面釉质的热胀冷缩不一致，那么釉面肌质就会形成开裂纹片状。当我们沏茶品饮使用裂纹釉质类的茶器时，茶汁易渗透于其表层纹理缝隙间，自然就会顺着裂缝的纵横穿插而形成茶渍沉积于其中，呈现出丰富多样化的抽象几何形，并富有若干美的自然想象与无穷韵味。当然，种种裂片的纹理样式，让我们自然而然地进入微观式的审美

触美
一
玩用赏器

境趣与抽象状态，去欣赏那些釉质裂缝与茶渍渗入后所形成经纬缠绕的金丝铁线，被分割成无数个密密麻麻的自然几何形状，且又富有各种各样自然界形状的比附与幻态，如像冰裂状、渔籽状、树皮状、花瓣状、叶脉状等纹理。当然，这种裂纹的形成原理看似非常简单的道理，但并非完全能通过科学参数来掌控瓷器胎体与釉质的热胀冷缩系数，如窑炉装烧的坯体上下、内外层结构问题就会产生其先后受热、降温等工艺过程，自然就会影响其釉质肌层的开裂片状方向，从而决定了裂片纹路的呈现样式。由此，当看见一只陶瓷茶杯、茶碗、茶盘等器皿所呈现出漂亮又难得的裂纹，自然也会被这些茶器创作人带有种种神秘而又玄乎的工艺技巧，来赋予物件之美的独一无二性。显而易见，我们就会理解市面上同型号类的裂纹釉茶器为何价格有差异，尤其是这些杯、碗、盘内的裂片纹理能呈现出莲花形，卖价却格外贵，某种意义上带有些"万物有灵"宗教意味色彩与吉祥观念。（见图 6-5）

当然，生活之用的任何物件，都会自然流露出茶主人待物心性。就像裂纹釉质的茶器，随久用的频率且越显美的痕迹。因为器用的触摸与感知过程，就是器美的滋生与持有过程，自然也就是我们格物润心的玩味世界。事实上，好用的茶器，自然会让人爱不释手，因它们不只具有捏握舒适的形态造型，还具有细微变化的釉面质地或者巧工绘饰的图画纹样，经得起茶人品饮时的"用与美"融和与推敲，也才富有物之抚摹、把玩的好奇心与感染力。诚然，我们在对物美的推敲过程中，也是易接近自己喜好样式的挑选方式，恰恰也

图 6-5 裂片白釉杯 拾玉窑制

是物如其人的历史印记。总而言之，茶器之美的工艺样式，需有生活用意的秩序与律则，也需有茶人品玩的趣境与心性，则才有器之"物用—物心—物我"的精神滋生。比如中国人有养"壶"（紫砂壶）的传统，其真正意义就是茶壶需要常用之道，它才会有茶水的沉浸、滋润；随之其陶质的亚光、干涩经茶汁的渗入渐渐地变成温润、光滑之美感，再经常用茶巾擦磨，自然就变成了焕然一新的美物。如今发展为各种茶宠物件放置于茶盘上，从某种意义上说，表明中国人会"玩味"物件的心性。或许当自己心情烦躁、欠佳的情况下，把茶水浇入茶宠上，从心理学角度来看，既是人们身心释放的一种生理补偿，又是养心格物的一种习性内省，这不就是我们生活美的种种形式之意义所在吗？

就拿我平时制作志野茶碗来说，保留最纯粹的手捏技法来完成其形态造型，围绕圆心点向外、往上用手指捏挤泥团，那么在捏制成碗形时会留下无数个指印所形成凹凸感于坯壁表层。与此同时，碗口部位因泥料受手指挤压时形成"看似水平、实则微起"的自然起伏形状。这恰恰也是我为何选择捏制碗而不是拉制碗的手工方式，因为这种手工方式不只持有茶碗形制的大同小异化，还保留手工慢活的单纯痕迹感，也是赋予更多朴素、自然性。特别在乳浊志野釉（长石釉）覆盖烧制下，又在其釉质裂纹的衬托下，明显地弱化了人工造作的痕迹味，但在品茶捏握时因胎体的指印凹凸感却较为舒适，也易贴近手的触摸感。显然，其种种工艺的表现方式，最终的用意还是重在生活常用之道，尤其是志野釉的裂片纹理需要茶色水渍的沉浸与渗透过程中，才会显露出各式各样的纹路与美意，也还会显现出茶碗之"用"的时间与"美"的温度，这恰恰反映出美的物件愈加使用才会愈加富有魅力，更让人深邃又深情地怀念着。（见图6-6）

图6-6 志野茶碗　袁乐辉制

生活的怀念

　　和所有的艺术形式一样，茶器也会激发我们的感觉，同时也就会赋予我们的憧憬。因为它们的美随之生活常用而形成一种喜用又沁心的默契，并随着时光流逝，与日俱增，自然地赋予了茶主人的一份爱意与留恋。或许美的器物，只有用于生活才可平易近人，因为常用的东西才拥有生活美的秘密，便也让人日久生情。其实，平日能陪伴着你生活的茶器，其本身就是经过自己打磨过的功用美学，无论在器型、花纹、釉彩上，还是在材质、烧制上都形成了一种用意的主从契约精神，才变得更美、更爱之物。生活久了，这些茶器便成为茶主人习以为常的触摸物件同时，自然对它们会有"用"的依赖性与"心"的踏实性，也会感觉到无与伦比的美。与此同时，我们便会在这些物件的用与美的功能意义，愈加会有爱惜、恩宠它们的信念。当然，茶汁的丰富滋味需要这些器皿才如此完美展现，也正是"依茶择器"的形式与内容才会增加茶的韵味与醇香。与此同时，也增添了器的用美与工艺，还增添茶人舒适的心情来品饮茶汁的若干滋味，又享有舒畅、喜悦之感生。

　　正如日本花森安治说过一句话："变美，不论对于心灵还是身体，都是一种幸福。"[6] 当然，一种幸福的生活形式与叙事内容，自然会让茶人嗜好茶味的同时又喜好茶器。换言之，这种生活玩味的习性会反哺于茶人对这些常用的茶器物件有一种无比珍爱的恩宠；但当它们有时距我们如此遥远的话，心里便就多了一份物我情景的怀念。因为在我们的生活理想中，品茶趣事看似平凡日常，又无止境，实则这种无限的玩味使我们感到轻松、清醒、又回味、怀念美物。事实上，怀念就是对物件之美的清醒认识与透彻感悟，也反映出美之物我相生的超越。其实，我平日喝茶时，常用盖碗来沏茶冲泡，虽更换过好几只不同釉彩造型的盖碗，但依旧留下那只好用的青白釉盖碗，无论在其碗口向外的弧度、胎体厚薄的适度、釉色质地的光度还是其容量大小方面，都适宜我个人品茶冲饮的习惯；有时不小心碰残了碗口，便会找到拾玉窑主人再会买只同款类型的，或许这就是器用于生活的情趣反哺，也反映出自己恋物的一份虔诚与怀念。（见图6-7）

有时，茶桌上的各类物件难免会磕磕碰碰，那么这些陶瓷茶器因材质本身的脆弱易碎特点，自然也是最易受损成残件物品。尤其是深受主人喜爱的那些茶器，又有无比贴心的生活用意，因其在沏茶使用过程中被受损或残破，或多或少会给茶主人带来些可惜、感伤的糟糕心情。那么，一种修补的工艺方式（锔瓷或金缮）就是重现这些物件的完整性使用功能的伟大意义，也是美物再次加工的创造超越与持有价值。某种意义上说，这种修复的目的，仍在保留着茶人在"趣味"与"赏玩"的生活趣境，同时也继续着物件的生活用意与美丽形式，或许这就是美的巧工与人的智慧相契合的工艺精神。

可见，惜物的生活观念与念物的生活用意，某种程度上就是人们为何去锔瓷或者金缮这些残件物的深意。诚然，通过锔瓷或者金缮的工艺来圆满这些残破的物件，也是叙事茶人回忆他们想要的东西。当在朋友茶桌上看见锔瓷过的茶碗，便会回想起大学期间看过张艺谋导演的电影《我的父亲母亲》，

触美

玩用赏器

图 6-7 汝釉盖碗 拾玉窑制

其就有叙述村上少女拿着自己不小心摔碎的杂胎青花饭碗给专门从事锔瓷匠人修缮的场景；恰恰那个时代又是山区物质匮乏的生活日用品，惜物的程度会更加强烈，或许这种伟大的工艺创举本身就是中国农耕文明所沿传下来的造物样式。如今这种工艺样式的继续承传，更多因素是因有一批存着文心美趣的文艺者（艺术家、设计师、茶人等群体）能发现它的往今价值与创新观念，从而又能完美地诠释出物美的原典与新意，自然而然也是一种中国工艺方式的经典再现，又体现出器物"因地制宜"的再次设计与节制观念。比如现在市面上售出的一些因缩釉缺点而用锔嵌丰富各样的银钉、铜钉方式来弥补些有瑕疵的茶杯、茶盏等小器物，也体现出此种工艺使用的高明之处，这也是器之生活美用的另一种存在方式与意义，不就是"古法今用"的务实与节制观念的写照吗？当然，现在锔瓷或者金缮的工艺成本若高于茶器本身的市面价格，对于大多数人来说，宁愿添置新的茶器。显而易见，这种工艺方式由过去的民众化选择到今日的精英化奢求，自然便走上了艺术标签化的工艺样式，那它只能再现于贵重的茶器物件世界，也就只能在小众化的喜好群体发挥其独具特色的一面。就拿近些年，有一帮茶人喜爱玩高古的老物茶杯、茶盏、茶碗，便会买些带有瑕疵、冲线、缺口等小问题物件，通过锔瓷和金缮的工艺手式，来重拾其品茶的功用与意义，看似追忆古人品茶的文心趣境，实则是求稀缺物件的世俗享乐，某种程度上就是美物向奢侈、贵重化的玩味与贪念之生。

触美

—

玩用赏器

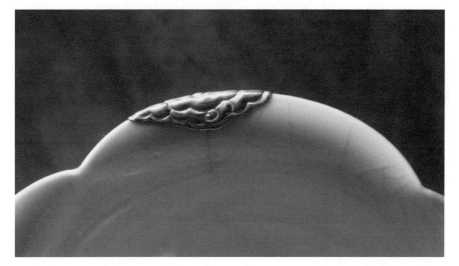

图 6-8 锔如意纹　　浅元制

　　换言之，值得纪念价值的茶器物件承载了茶主人的若干生活叙事与拥有时代记忆的同时，也符合了自己审美喜好。现实生活的器物世界里，对于每位喝茶者来说，看似有琳琅满目的茶器可供选择，但能遇见爱不释手的茶器还是少数，因为它们需有得心应手的生活用意与美趣，才能愈用愈深地留念着茶主人的玩味心境。另外，艺术化的生活茶事自然会提升茶人的生活涵养与审美评判，那么对茶器之用与美的哲理更为务实、透彻，且又同理于"好的工艺意味着一件艺术作品条理清晰，不会产生困惑，也意味着这件作品能够引起兴趣"[7]。正是如此富有叙事美趣的茶品物件，或者是出身名家之手的茶器，当被受损成残缺的物件样子，茶主人多半会拿去锔瓷或者金缮来修复它的能用性与承传性。事实上，这样的工艺方式就是体现出主人惜物事趣的生活写照，即也是生活格物致知的有我心境。（见图 6-8、6-9）

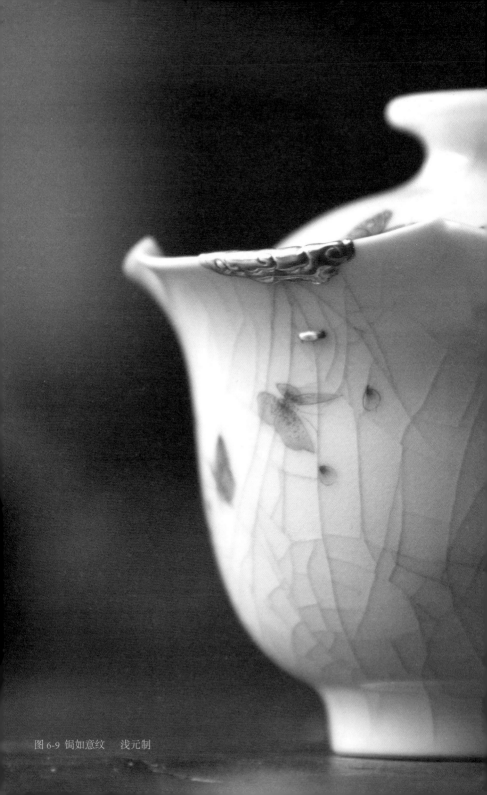

图 6-9 镉如意纹　浅元制

　　然而，金缮的工艺样式，也会带来器物的俗味气息。因为其工艺的特点，就是通过大漆粘合住器物的残件片后，再用腻子粉填平裂开处的缝隙或残缺部分，随后在此处刷上大漆粘上金粉或金箔，完全干后再次反复打磨平整。可见，这种工艺不只是一门精细的技术活，也是一项再次设计活动，需要遵从器物原有美感的秩序与律则，如何用点、线的方式来修缮、补线、抹粉，成为富有美感韵味的金线装饰，也才赋予茶器重现昨日的样貌且又有今味的高级美。从另一层面来看，茶器修复的工艺样式无论锔瓷的嵌钉还是金缮的留线，都体现出中国手艺"匠心营造"的智慧，也隐现出茶人"善美乐生"的用意与叙事。诚然，这种工艺方式虽会再生出原有优雅器物的一些黄金俗气，但它是承载着尽善尽美的一个纽带，连接着物件由残象至圆化的生生世界，又给了了茶主人继续物美人心的生活感觉与玩味意义。

三
叙事的痕迹

当然，任何茶器物件被主人久用时，自然便会散发出"物如其人"的精神气息，也就是美之"物我两忘"的高级境界，即也是生活趣境从"无我的物用—有我的物生"的深化过程。其实，茶在日久品饮时便会让人嗜好茶汁的微涩醇香、酣甜生津，且又回味无穷；与此同时，茶器中的壶、杯、碗、盏等物件在沏茶久用的过程中，渐渐会平易近人，也会让主人有一种默契与踏实感去善待它们，又会深情地精善它们。或许这样待物的趣境与心意，也是人类求美的生活本能与幸福渴望，某种意义上就是我们对"万物皆有灵"的虔诚与信仰。

显然，茶主人将如此寻常又平凡之物作为审美对象的一种渴望的同时，又形成对它们的虔敬精神，也便有对茶桌上的这些茶器物件产生一种"用与美"的场感叙事，从中明晰、悟道"某种单一的形式，可以产生出所有已知的结构"[8]的美感律则，自然会渐向"物"的用意与"我"的心性之和谐默契，显现出美物有我生的格调与气息。换个角度看，有我之美的玩味格调，自然也反映出自己生活用器的喜好特点与审美样式。那么，茶器随主人的久用、善待，其用意的过程本身就是物件工艺样式的筛选的审美行为活动，则也是自我审美的内省与成熟过程。当然，正是其器之用与美的平易、诚实，物件才让人越久用越有贴心的陪伴，也就愈加靠近自己审美的趣境与玩味的喜好。自然而然，其美的气息不只流露出有我的时间痕迹，还体现出有我的玩味趣境，又穿透了有我的持有意义；总之，它又会兼具一种强有力的时光漫步感受点来周而复始地放置于茶桌，虽看似小巧清静的物件，实则有以小喻大的境生。生活品茶看似为简单、重复、清闲之事，某种意义上来说，它是现实生活中最具有自我通达与自性内修的体悟叙事，也是最有意义性与秩序化的美育趣事，更是生活"格物致知"的美境心量。事实上，当我们谈到"茶境"两字时，众说纷纭。就我个人试想从生活文化的个人意义与玩味方式来说，可简单概之为"有我的品茶心量"；可见，美物的用意终归于有我的时间痕迹，才是焕发它的伟大魅力与生命气息，并随之加深、泛化。

或许对大多数茶人来说，正是嗜好的滋味与喜好的物件赋予了他们一种极其眷恋的爱，从开辟了通往美的生活文心与玩味趣境，体验到有我的美好东西与闲情游心。因为在这些久用的茶器物件中，不只让我们上升了自己对美物的鉴赏能力与评判律则，还能在生活寻常的器物世界里寻求到有我的美之用意与精神。那么，如此之敏锐和直观的生活趣境，才会深入"见法观道"的有我茶境，自然会对美之器物的厚待与精善，也才能从茶桌上的物件玩味之中体会到美之有我乐生，并又体悟到美之有我灵性。或许生活品茶的最高境界"平常心"，就已道出了对美的最高境生，即为物我相生的灵性观念；

可想而知，有美的理想仰念的茶人，基本都会有"心诚则灵"的物我境界。

其实，正因中国茗茶种类的地域特色性、丰富多样化，从而形成我国饮茶文化的样式差异化；但其种种沏茶品饮的器具方式，仍然是大同小异化的器用式样与器制工艺，无论在器皿的造型、质色、装饰还是在其容量大小等方面，都是呈现微差式的地方性。特别随城市化的饮茶群体盛起，自然也就走上潮流化与趋同化的生活样式，那么茶人所用的茶杯、茶碗、茶盏、茶壶等器皿，其工艺特点更多是在装饰、釉彩、烧成等方面花样众多，则在其器皿的造型依旧常见类式样，呈大同小异性的微变。从时间美的意义上来看，茶器的日常久用过程就是茶人的细微感知过程，并经过时间的磨炼与透彻来昭示主人对其美的体味与欣赏，即由对美物的花哨艳丽至单纯妍丽的内省与提升，或者说从雅俗众生的样式至有我乐生的方式，来回应与审视物件之美的有我感化魅力。换个角度看，一只茶杯或茶壶就是茶人的一件生活器用物品，不只有它本身的生活功用与工艺历史，还有它的主人喜好、善待痕迹，更重要的是有"物性我化"的时间印记与"物美我心"的生活精神，也就是有我的物件用意之生生。

正因人有天性的审美差异，才会有对生活物件的不同喜欢与趣境，自然也就滋生出缤纷绚丽的生活物境与玩味心境，久而久之，就有我境生的生活方式。显而易见，嗜好品茶的人，多半较为讲究品饮之事的物件形式与美感，也是富有生活仪式化与艺术化的审美世界，来善待"一茶一器"的用意与美趣。其实，爱美之心，看似是人们天性的自然投射，才会给予我们生活造物的种种样式与未来憧憬；实则也是无心之美的生活教化与物性人化的生成重要途径，这样生活茶事的玩味方式不只会陶养人们的格物趣境，也还会滋养自我的无心美趣。显然，这种"无心"的物境与"有我"的美心息息相融相生，才会渐老渐熟地品饮茶汁的滋味与品赏茶器的用意，且又无心无声地赋予美物的种种生活形式与工艺样式，自然而然就会步入自我茶境的一种物趣美式。事实上，因有我天性的美心随之有我玩味的人心，日常茶事才渐进了物我相生的"乐美"，还渐浓了生活无心的"善美"。某种程度上，这种美的无心又有我的痕迹，不就是反映了有我"格物致知"的心化与境生吗？

首先，物之久用见性。倘若一件茶器（杯、盏、碗、壶）常被茶人放置于茶桌上，不只表明它是主人喜爱的器物，具有耐人寻味的美物，还表明它是主人信任的器物，具有诚实的功用与诚心的工艺。显然，能被久用的茶器，自有尽用尽美的工艺样式，才有我善我乐的玩味趣境。恰恰茶主人久用的物件样式，无论在其形、饰、色、质的感知方面，还是在其拿、捏、握的感触方面，都达成了器之用与美的舒适、贴心感受，不只玲珑了人心，还透彻了物味，从而滋养出"物如其人"的生活美意。有时候，我常去别人茶室喝茶时，便会习惯性凝视着茶桌上的各类器皿物件，尤其是常用的茶壶、盖碗、茶杯、黑盏等器物，自然会感受到它们的浮光片影之魅力。同时，并不由自主地又让我联想到主人的玩味趣境与生活精神。某种意义上说，茶桌上久用的东西，看似常常被我们忽略了其用意的深度，但又常常："我们有能力在不经意间受到感动、在最意想不到之处发现最伟大的美"[9]。换言之，正因物件"久用生意"的生活痕迹性与有我性，渐强了我们善茶待物的感知穿透力与自我人性化，无心无声地融进了有我之美的择物样式与待物方式，即由"有我之用意"至"有我之美心"的渐生、升发，或许这也就是我为何愿常去思虑茶桌上的物件样式与主人趣境的耦合关系，更是我看待与理解茶器之美的深远意义。（茶室见图 6-10）

也许茶器最基本的工艺旨意："用"的舒心与"美"的贴心。事实上，有生活用意的茶器，自有生活善美的乐生。因久用的茶器，支撑着工艺之美的存在力量与生活形式，才会保持其平凡的深度与单纯的美意，也才会让茶人持有平凡且又单纯的虔诚之心，阻止奇异的工艺样式来充斥茶事物件中，会更多地靠近生活自然之美的伟大力量。因为其生活的久用方式，才会让人有单纯又不单调的美学信念，从而内省着自我的感悟"如果不是单纯的，就不会有深厚的美之存在"[10]。换个角度来看，因美物的单纯感化，自有心灵的诚实生息，则我们才会深怀敬意这些平凡的物件，同时律则自我贪念奇技怪异的工艺样式，虔诚器用之道的工艺法则，贴近自然之美的生活用意。由此，我们触摸茶器的感觉会自然、温和而又不是陌生、奇特；反之，这种物感美趣也会反哺于我们择物理念的工艺标准与审美方式。显而易见，正是茶事日常之用的器皿物件，其美由平凡、单纯的"用意"至非凡、纯真的"善意"

触美
—
玩用赏器

图 6-10　郭丽珍茶室景色

的高级始向，来浸润人心的生活趣境。比如茶桌上常见于纯粹的单色釉彩茶杯，尤其是青白釉、卵白釉、天青釉类素淡质色，就可看出茶主人精善茶的境界，不只反映出他对沏茶器用的样式讲究，体现出他注重其器皿容纳"茶颜观色"的品用与赏观之道理，某种程度上还可看出茶主人崇尚素朴、清淡、恬雅之美的心境，自然就是喜爱清静之人。反观之，茶桌上堆积着绚丽、彩绘的茶杯，富有奢华、精贵之气，即可看出茶主人就是一位喜爱富丽之人。当然，只有生活用意的茶器，才有耐久寻味的美，才会让茶人持有平静的心态，也才不会陷入花里胡哨的形态或者彩绘的工艺样式之中。就如单纯的裂片白釉或者青釉，需要经茶人的品饮久用，才愈加明显地呈现出自然又漂亮的金丝铁线，形成器饰有无限想象的抽象构成美，不只直观性记录着其生活用意的趣味，也反映出器之久用与变化的美，还隐显出生活物用见性的茶人精神。

其次，美之物我谐和。越靠近生活之用的茶器，却越贴近自然之美的工艺，其样式也变得愈加简单、单纯又好用、平实，更愈加融和了"物我相生"的默契关系，也才最大限度地体现出"器用利人"的工艺宗旨。显然，茶器的工艺样式与茶人的生活用意要达成一种主从的默契感，就需我们如何把握好"度"的一种平衡关系，即为美的视知觉、触觉之感受的协调性与宜人性。诚然，茶器功用的基本形式提供了一些特定的工艺样式，来律则我们需遵从"器用利人"的最初用意与工艺思想。假如茶器看似时尚、漂亮，但饮用时让人捏拿、触碰感到不适，这可能是因为其形状、大小、轻重、圆滑、弧度

等方面未符号人机工程学，也反映出其工艺的种种表现形式具有一定美的鉴
赏性，却又有美的迷惑性，而恰恰茶器久用的舒适性和体悟感，才会有其美
意的欣赏性与深远性。当然，其美的物我谐和性，蕴含着其"用"的宜人与"美"
的悦人之生活深意。一方面，有我的用式；因茗茶的种类和冲饮的方式的不
同，就会形成大同小异化的茶器样式，那么茶事讲究"依茶择器"的玩味理念，
则需和谐"器用"的有我偏好方式与"器式"的有我喜好工艺之间关系，才
会滋生出有我的嗜好趣境与品饮美意。这样，有我的物用方式才会有茶人物
趣横生的妙得与感悟。其实，因地方工艺样式的不同也会形成茶器用式的典
型性个样，如宜兴产制紫砂壶和红茶的地方，却习惯常用自家壶冲泡茶，而
景德镇产制陶瓷盖碗，也常用此碗来冲泡各种茶类，自然而然就带地域性色
彩的有我用式。无论怎样生活茶事都会带有些地域性偏好的器用方式，但仍
然基于个人偏好与习性，始向有我的玩味样式。另一方面，有我的趣式；尽
管各式各样的茶器（壶、碗、盏、杯、罐等）由厂家或者作坊、个人等创制
生产出来，被不同兴趣喜好的茶人选择使用，但也随之在品茶久用的过程中，
因其工艺样式与主人的审美趣境未形成一种默契关系，自然就会被淘汰掉很
多花哨的风格样式。显然，茶器的用式与美样需与茶人达成一种主从关系的
默契感，才会给予主人沏茶品饮时的一种触摸舒适感与喜好兴趣点，也才有
美之"物我谐和"的用意与快感。一定程度上，其工艺样式无论在造型、大小、
花色、釉质还是在烧成温度、薄度、体量方面都需贴近茶人视触觉的和谐感受，

才能经久用和欣赏。比如有些制陶者，在器物成型过程中有意识地保留泥料被挤压、拉扯、刮划等所形成粗细、凹凸不平的表层肌理纹路，这类工艺样式如果表现于观赏类陶瓷物件，显得格外自然率性与自由奔放之美，但运用于茶器（杯、碗）的工艺表现，当我们双手握起或者捏拿时，其粗糙的肌质与圆滑的手心会形成生硬不适的反应，也就不会让人长久去触摸它的兴趣，更不会有久留在茶桌上的玩味意义。

另外，生之有我游心。日常生活久用的茶器，除在其"用"的舒心感受外，还在其"美"的悦心感知，才会是茶人善美乐生的器皿，那么，它才有我贴心的一种亲近、默契感。事实上，生活品茶的格物趣境就是渐老渐熟的自我高级内化过程，即也是由浅至深的审美认知与心性感悟的一种生活境界。尽管茶器的优美造型、柔和花色、温润釉质以及简饰描绘等工艺样式，易打动我们的芳心，但这漂亮的花样需要方便茶人沏茶品饮的功用性，才能久留在茶桌上，便有耐人触摸的亲和性。否则，太多花里胡哨的样式会挠乱我们生活器用之道的宗旨，又会使茶器走上纤细之美，还贫瘠了器"用"的工艺精神。因为纤细美的物件看似漂亮、精工，蕴含了繁复的人工雕琢痕迹，却离单纯、自然之美越远，仅能成为美的观赏品，也就愈加让我们无比的陌生、奇异。显而易见，茶器有良好的用意功能，自有触摸的玩味意义，也才会淋漓出有我的茶汁滋味与茶汤水色，完美地体现出茶室的物感怡情与游心味生。正如现实生活中所见，茶汁的滋味香气演绎更多贵在茶人的心情佳境；总之，他

触美
一
玩用赏器

如持有好的心情自然会冲泡出好的味道；当然，他也需要有好用的器具冲泡、沥汁、品饮，才会步入"道法自然、游心有余"的茶境。换而言之，只有久用的茶器，才让茶人有深意的触摸，也才有玩味的物趣，渐隐出品饮游心的茶境，此时茶桌上的器物便带有浓浓的有我用意之美，伴随浮光片影的映射下，也便会让客人感受到其物件格外散出主人的用心与美心。比如黑釉茶盏，从传统的沫茶器演变为茶人品茗茶的多样化器皿，随使用的主人对象和品饮方式，呈现其美的不同方式。或许几片绿茶叶漂浮于黑盏内，就直观地展现有容乃大的生活美意。（见图6-11、6-12、6-13）总而言之，茶器越接近自然的用意，则越靠近人心的意趣，尤其在其形、饰、色、质等工艺方面越显单纯、优雅又舒适、柔和，易形成物我相融的场感与趣境，也便会渐进有我的玩味性与游心的体悟性。某种程度上，器"用"的工艺花样决定着器"美"的生活意义，又深邃着器"感"的有我游心，才会让聪慧的茶人感悟到物件的场感气息与触摸心性，这也就是茶之美物的非凡魅力。

图 6-11 黑釉茶碗 白磊制

图 6-12 柴烧茶碗　白磊制

图 6-13 志野茶碗 白磊制

四
超然的孤独

    倘若美的物象方式像种子一样周而复始地繁衍后生，自然而然由"花样年华"至"凋零沉寂"之美的生生。那么，孤独的气象就是花落境生的一种审美构象，也是侧面反映出我们每个人所要经历"渐老渐熟"的生活感悟与高级境界。事实上，生活日常茶事不只教化了我们的物境心性，还早熟了我们的文心趣境。由嗜好的滋味至善美的心境焕发，某种程度上，茶人对物件的美意感知也就朝往"格物致知"的早熟方式与生活理念，自然地其器式的工艺花样也渐行渐进着理性的极致与诗性的心境。显然，正是茶人有理性的感悟与诗性的感生，才给予了自我物境与天然合一的渐融通感，也就便会渐强了美物的极净和心欲的极少之生活用意。这样，极致的美物，或多或少就伴随着极寂的美心。有诗意境界的同时，也就是孤独的美生，且让生活茶境的高贵优雅化又高级诗性化。

    当然，茶器贵在有生活的用意，才会让茶人沏茶品饮与赏识过程中传递出一些人为制造的工艺样式与审美经验；与此同时，其审美趣味即也是由初级的稚气向高级的文气渐修与成熟过程。其实，正是我们对于世界的认知方式从"无到有、有到无"螺旋式渐进来看待和应对这个世界的自我超越，才会由肤浅的"美欲"至深沉的"美意"的物件样式来满足日常生活的需求，便也走上"渐老渐熟"的修身养性境界，并给予了茶事生活意义的深远感受。换言之，美由"绚烂至极归于平淡"的同时，也是走上高级的孤独之始向。因为一个人的超然豁达，其本身就是与众不同的境界，并深深地玲珑、透彻了自我的感知："极尽美好而毫无秽垢的人生是努力得来的，只有舍弃很多言过其实的俗常，人生方可自由、幸福与饱满"[11]。这样，茶人对待生活物件的玩味方式，也便越来越趋向贤明的心境，自有宁单纯勿艳丽之美的趣境，则茶器的花样也会愈加素净、饰少，因为美的高级就是"没有颜色的白光之中包含着所有的色彩"[12]，并蕴含着无限的生意，也给予人无须修饰的矫揉造作，而是更贴近自然之道法巧工。（见图6-14）

　　或许在花样年华的今日社会，虽丰富多彩化了我们的日常生活形式与内容，但也最大化地激起了人们消费欲望的生活需求与跟潮时代，自然而然地卷入花里胡哨的创造样式。显而易见，人造化痕迹的东西早已充满了我们的生活世界，并也琳琅满目地杂生于日常茶事中，离单纯、自然之美的茶器也愈加贫乏。尽管美的生活方式有"雅"与"俗"之分，某种程度上来看，现今茶器多半随民众"俗"味的审美兴趣与工艺样式而支撑着器物创制的地域特色、国民习性、民族文心，但有"雅"调的生活茶事自然会显得格外有"物式诗性"的空灵情调与孤寂气息，这也恰恰是茶人所向往的生活趣境与美境。另外，从人们审美的补偿心理特点来看，生活"有时，表示想要什么就意味着缺乏"[13]。试想人们一直在憧憬着从乡土"田园"至城市"田园"的人居生活，相比而言生活日常茶事才是我们享有清静、闲雅的品饮乐趣，享受清纯、文气的美物趣境，来调剂着繁杂忙碌的都市生活的同时，也便渐浓器物美学的自我心性与有我诗意。有时候，我也常常思虑着：看似生活日常的"一叶一

触美
一
玩用赏器

图 6-14 德化白瓷茶器　李锦制

世界"茶事，实则给予了我们"众里寻他千百度"之美的喜好与诗境。

通常，艳丽、奢华的茶器，易迷住常人，更易让人着了魔似的无法离开，因为这类器物的美贵在有极强的视觉感召力来吸引、迷住人。换言之，正是人对物欲崇拜的生活玩味，形成了对其美的工艺价值化与奇技化，随着这类东西被欣赏、被赞美的同时，又会得到许多爱好者的溺爱与推崇。当然，茶境因人而异，一定程度上看似取决于茶人的文化涵养，实则取决于他们的物欲观念，因为现实生活中更多是精英文化群体推崇"奇技淫巧""奢华雕琢"的茶器，反而平民百姓更多是选择便宜、粗简类的物件。可见，人们的品赏物欲与物件的价值赞美，自然焕发了我们对绚丽美的向往与持有。但人伴随时间穿梭的生活修炼，绚丽之美的芳心自然会终归于平淡之境，茶器的样式由追求美的快感玩味向持有美的诗性遐思，始向"饰简重意"的审美趣境，某种意义上也是茶境走向个人空寂悠远的内修净心与极简抉择，那么待物方式也就朝向美的高级孤独渐进。显然，空寂之净自然是人们对绚丽之美的弱化或放弃，便有对茶器之美的富贵温情渐向单纯冷淡。与此同时，正是这种极度理性思考的冷淡，会使人超然于欲望的纯粹静谧的状态，那么茶室的器物铺陈与样式就会抉择"以少即多"的空间营构场景来叙事品茶之美的物件秩序与工艺理念。

首先，少的极简。"少"的印象，在茶器样式中意味着极致的简洁又极纯的优雅，而在茶桌铺设中意味着极净的静生又极远的余韵，便也会自然地营设出茶室空间场感的幽静诗意。显然，生活诗意的背后透射出美之虚与实的相生关系，某种程度上正因"实处易，虚处难"的趣境，深深地影响着我们择物的审美取向与玩味兴趣，则之花里胡哨的茶器样式便会被大多数人所喜爱、眷恋，并琳琅满目于生活世界。故生活茶事日常多见满实的器饰物件，却难见饰少静虚的东西，也就司空见惯。可见，对"少"的视觉感知，常见于茶器花样的器型、器饰、器色所构成的形态单纯、简练与含蓄、内敛，无论在局部细节上还是在其他组合上，均无工艺堆积的多余与纤细，以及用意矫情的多生与奢侈，且更多是恰到好处的"巧工良造"之器皿，并最大化地体现出其"用意"的宗旨。或许"少"会让人渐行审美极度的理性感知的同时，不只律则内心的浮华奢望与贫弱美欲的奇技淫巧，还给予了自己的内省生机与感悟气息，易近自然美的生发。诚然，"少即多"的哲理，不只蕴含着美的双重性感知与存在性方式，启发着我们善"美"的洞察力与想象力，还更深远地丰富着器物花样的创造性与多样性，同时也深掘着我们待"美"的生活感悟性与自然法则性。

其实，无论在器物的造型轮廓、图案装饰、釉彩质色还是在器物的大小、厚薄、光泽等方面，都在融合人们生活品饮的适用度与视知觉的感受性，同时又与自然环境空间形成的和谐度。从视知觉的审美心理层面上来看，"少"虽是物"简"的形式美感表现，但越是极简修饰的茶器，越会久留于茶桌上，因为它有融合他者器物空间的宽容性与选择性，更自然地贴近人心的享用舒适感。比如手捏握茶器的舒适度方面，圆形类杯具就比方形更优良，不只是符合了我们的人机工程学，还更为体现出圆润、饱满又含蓄、内敛的视觉感受，自然就增添了其美的平和、温柔感，减弱了器物造型的棱角、体面等复杂性，也增强了其形态缓慢、舒张的自然韵律感。同样，器饰的繁满与器色的浓艳，却会给予我们更多刺激、张扬且又喧闹、躁动的审美感受，并未留有更多清静、恬淡又轻松、自然的审美感受，也就不会让人们富有安静与思虑，也就贫弱了器用生活的"物境诗性"之生。那么，我们就明白为何近些年茶器盛行宋瓷的诗意之风，贵在"少"的极致，富有恬淡、文雅之美，又重在"色"的极净，富有单纯、寂静之美，不论其器物造型还是器饰釉色，都讲究简洁和内敛之道，体现出美之若隐若现的诗意。（见图 6-15）

图 6-15 捏制茶碗　袁乐辉制

　　换言之，任何物件的人工矫作之气越"少"，就越接近自然的和谐，便也愈加有融"他者"的无穷空间性。事实上，繁饰、花色、怪异的茶器则在茶桌上格外亮丽夺目，某种程度上，其工艺样式给人的视觉感受上有点张扬、猎奇的同时，又有空间场感的排他性，自然也便会削弱与其他物件所构成茶室空间的和谐性。器物的种种花样，呈"少"的极致也就是融"他"的和气与留"生"的极远，那么它才会让茶人的使用过程中悦目悦心。当然，器物饰色之"少"，则也是其美始向高级文雅之气的重要表征，常见于其器物的图案纹样、釉质色彩、划花雕刻等装饰画面重"精简、韵远"。尤其是其釉质的色相纯度偏低，就青釉在白泥胎与陶泥胎上就存在发色差异，前者呈白里泛青之色，后者里灰里有青之色，给人更为厚重、沉静，而其在色彩明度上虽对比微弱，但在视觉感知上柔和、含蓄，自然而然让人就有平和、温性的生活用意，便也有淡雅、幽远的文心诗性。正如今年茶杯花色盛行仿隋唐时期的越窑青瓷釉色，首先其制瓷泥料由不含铁的纯高白泥回归于含铁的多元配方泥，另外其烧成方法采用氧化浓、还原弱的气氛，故其色相偏暖灰青绿之釉色。当然，看似其简洁的器型与简单的釉色，实则有耐人寻味的晶微釉质变化，某种程度上因其青釉的色相与纯度相生于似非之间的微变感知：单纯且不单调，又有色且不显色，同时其既古朴、清纯又幽静、温和；可见其仿越青的种种原因，不只有尚青的文化传统，有好古的文心玩味，也还有吟诗的生活意境。（见图 6-16）

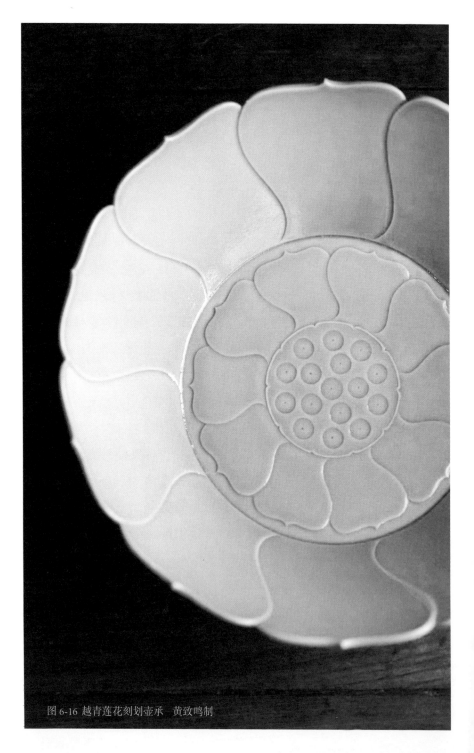

图 6-16 越青莲花刻划壶承 黄致鸣制

　　其次，静的极浓。"少"即为"简"的器物样式，正因为其"简"的形态结构，才有其"空"的生发，也才有其"静"的深远。其实，美之"少"的极致，也就是美之"杂"的极弱，也让喝茶人心自有静气，来构造出一个优雅、淡美之境的器物世界。尽管日常茶事本身就是静心品饮的生活趣式，但茶桌上的茶器样式并非全是有安静、文雅之气息，恰恰是雅俗相生的一种物境与美趣。因为现实生活中能有静心享受茶饮又有雅趣赏观茶器的人，看似日常喝茶人之多，实则惜物善美人并未太多，或许人们嗜好茶汁滋味比喜好茶品美意的欲念更沁人心脾。可见，生活喝茶人与赏器者并非对等，但会随茶饮的静心修炼与用美感知，则也会渐进了我们品茶趣境由"自然口味"至"文化口味"的高级深化，久而久之，便也渐熟了器美的空灵简逸之深意。那么茶器的工艺样式，在注重其"用"的便利、舒适的功能基础上，无论其造型轮廓线需简洁、概练、流畅、平稳的视觉感受外，还需其画面图案与釉色装饰需简练、精致、纯净、适度的视觉感受，才会有平和安静之美的流露。

　　其实，平日常在我脑海中闪现一个字"静"，也是修炼自我的心境与升发顿悟的妙境。同样之理，凡是有安静气息的茶器，必然是耐人寻味又无限深远的美意，具有一种超脱尘世、宁静淡远的空灵美和柔和温情、文静雅气的含蓄美；某种程度上有"静"意的样式，必是"美"心的物件，更是"善"意的器物，自然会是茶人虔诚善待的美物。事实上，雕琢贵气的工艺样式给予茶器更多的高贵奢华美，并非有太浓厚的高级诗性美，因为这种风格样式无法给予我们安静、平和的心趣，而更多会增强了茶人心欲杂生的念想。可想而知，茶器工艺的种种样式需有极"少"的巧工良造方式，才有极"善"的物性美境之道生，便才有安静美的生意与空寂感的深意。除了黑、白釉色类茶器外，那么其中间色釉的变化丰富又无穷，但用"青"字冠名的釉色最多，尤其是在工艺烧成方面易成色、稳定，也较易平和、适宜人的持久性色彩视觉感知，不像其他明度较纯的红、黄、蓝釉较为浓艳；同时，正因青釉色的浓淡、厚薄易近似自然界的物色，如影青、天青、翠青、冬青、豆青、粉青、梅子青等各类命名也颇有诗意，又有"类冰类玉"的肌质感，自然会富有纯净、莹润、柔和、恬静之美，也更为和谐万物生长的光与色，或许也是现代文人雅趣的高级玩味之色：清净润心。（见图6-17）

当然，昔日的乡间木屋品茶的自然诗意与今日的高楼大厦品茶的营构诗意，必然会让茶人身临其空间场感的诗性感受千差万别，但有安静美意的茶器物件无论融入哪个空间场所，依然会美轮美奂。换个角度来看，安静会使我们步入审美感知的极度理性又极少花哨，也极有简逸；那么常见茶桌上越是花里胡哨的东西，并非是单纯、平淡、素净的形式美感，反而越是烦琐的堆积与艳丽的奢华之工艺花样，自然就不是安分守己、平易近人的美器，也更不会让茶人有静心赏用的美意。可想而之，能美心的茶器，并非是能静心之物，反之，能静心的茶器，则是能美心之物。诚然，安静之器，一定是贫弱华丽、炫耀之美的工艺精神，而是虔诚极少、极致的纹饰与单纯、恬淡的

图 6-17 柴烧志野茶碗 袁乐辉制

花色，也是尽善尽美器用之道的工艺思想，更是渐浓其美之清纯、悠远与雅之空灵、诗性。从另一种层面来看，反而无纹样装饰又单纯素净质色的茶器（杯、盏、碗）越显茶汤水色，因为简洁、纯粹的花样越靠近工艺自然的本味与本色，也越贴近生活用意的工艺形式。所以其工艺形式之"少"的极致，便也是器物用意之"多"的极善，更是物美的高级形式与诗性的文心趣境，这也是"少即多"之深层哲理。

接着，生的极远。器物形式正因有极"少"的工艺与极"静"的场感，才会给予我们生活用意之美的无限深远，也才有"余韵"之生的大美。事实上，物件的形式花样愈有极少的人工花哨，则愈加有自然的美意余韵，也愈加有余生的物外诗性，并给予其美的无穷生机与生意。反观，茶桌上铺设着极少修饰的茶器（杯、盏、碗、壶等），况且越是青白单纯的釉色，则越是让人有品饮用意的念想与趣境，因为它的样式极致又极远，还让使用它的茶人悦目、悦心，自然会是主人久留玩味的美物。倘若茶室是个有生活诗意的地方，自然也是主人最享有美的地方，那么其室内铺设的一物一样不只是主人所喜爱的东西，还是主人高级精善的物件器式，某种意义上来看，更是茶人享有诗性美又享受孤独感的器物世界。恰恰正是物性诗意的生活美学，给予了我们品饮赏观的心静趣境，同时又反哺于器物的高级样式与生活用意，并随之茶人自我审美境界的玲珑、透彻，渐渐地显现出主人的喜好趋向：恬淡之色与幽远之气的茶器样式。或许安静的美物，本身就有让人感发孤独

触美
一
玩用赏器

的心境；相比之下俗味越浓厚的物件越有欢喜之气，反而雅味越深远的物件越有孤寂之生。

　　钟嵘所言："流美者，人也。"则之，物美的若干形式正因民众审美的趣境差异而形成"雅"与"俗"两极相生的器物世界。显然，日常生活对茶味有嗜好、虔诚的人，自然也是对茶器有喜好、精善的人，并伴随茶事渐老渐熟了茶人的体味和欣赏，自然也就渐行渐浓了其审美的一种平凡的深度与高级；简言之，就是一种物式品位的呈现。不论从茶事的意义上来讲，还是从茶器的花样上来讲，茶人们终究都在寻味美心的物与色，传递出那一刹那如此高级的浮光片影，又昭示着一份如此安静的孤独境意，这也是美物自身的圆满与圆生之道。正因这种物式趣境会让我们自觉自性地融入极少的欲望与极多的醒悟之心理层面，由"物性我化"至"我趣物式"的深化过程来内省自我的一种成熟与高级，自然也会让自己沉浸在"万物皆有灵"的生活善意世界，有物趣净心的虔诚与信念之道，并也慢慢地静思游心来感悟美物的真正形式与内容，即在平凡的物式世界赋予非凡的物境余生，从而给予了器物之美的超然物外诗性与超凡脱俗孤寂。恰恰是我近些年来围绕器物主题讲座上常说的一句话："高级的美一定是孤独的美。"某种程度上，生活中越是超凡脱俗的人，则越是内心安静的人，即也是一位游心思虑的孤独者。反之，"风格即人"的生活物境也会潜移默化地反哺于茶事的意义与茶器的花样，那么其高级的样式自然就是物美之极寂的孤独与极远的余生。

正如《铃木大拙说禅》中所言："无心之境感悟到的极度透彻的观念。"[14]那么茶事的生活用意，某种意义上就是给予人们享有"津津有味"的茶汁，同时，也是享受着"永恒静谧"的片影，由外至内的方式来通透心灵的一刹那察觉与顿悟，超越自我的凡常与虔诚善意的物欲，达到诉诸更多思索与体味，这也就是茶人玩味的真美意义。当然，从视觉审美的外在形式角度来看，其单纯、简洁的形态和花样会带有生活现实韵味的器物用意，有无比的亲和力；从心理体验的情景场感角度来看，其简逸的造型和纯净的釉质、善意的装饰会带有生活清静安心的器物赏趣，也有亲近的触摸感。事实上，茶桌上"有许多做工精细、华丽豪奢的东西……迎合了精美细腻的阶级的嗜好"[15]，

图 6-18 静谧之器

但这些物件的精美更多带给喝茶者的物欲心而并非物美心，更无"永恒静谧"的意志体味与直觉达悟。可见，寂静的器物花样，才会有可能感发茶人更多深沉的内省与孤独的冥想，又感受到物境的自然诗意，还觉醒了物趣的有我余生。诚然，这就是美物之凡常又非凡的生命意义与透彻深义。（见图6-18）

另外，从人类生命力的时间周期来看，我们的文心趣境就是由"含苞待放""春暖花开""花落远逝"的有我至无我的过程，随之美的形式与内容也是渐老渐熟的过程。其实，当我们年龄越来越大时，身体的各项器官机能逐渐退化、衰老，自然便会对美的物件样式走向深度的思考与务实的健用，其美的更多因素在于"适度"与"宜人"的关系。换个角度看，我们也就会明白生活常理"粗茶淡饭"的另一层深意，即平常心待茶善物的一种生活精神去有滋有味地乐生。事实上，时间给了我们享受生活美的种种花样的同时，也给了美之"物我相生"的磨合与沉淀，也才会持有"和而万物生"的自我内省与助他外化之心性。

某种意义上来说，茶事的种种玩味既带给了我们生活方式的快乐与幸福，又带给了我们生活美学的体悟与抉择，还教化了"我们意识到某种联系，明了我们对某些超越或包围我们的事物的归属"[16]。诚然，生活品茶以"物用"之道与"物味"之美，来让我们无休止地触摸茶器的表象世界与无穷地精善物式的高级趣境。就人类而言，孤独的趣境自然是体现人"精简奢华的欲望、自我修复的精气"的思考与后生，也才会让我们领会美的生命滋味与幸福意义。

注释

[1] [美]W.J.T. 米歇尔 . 图像何求？——形象的生命与爱 [M]. 陈永国、高焰，译 . 北京 . 北京大学出版社，2018，第 25 页 .

[2] [以色列] 尤瓦尔·赫拉利 . 人类简史：从动物到上帝 [M]. 林俊宏，译 . 北京 . 中信出版集团，2017，第 363 页 .

[3] [法] 克里斯托夫·安德烈 . 幸福的艺术 [M]. 司徒双、完永祥、司徒完满，译 . 北京：生活·读书·新知三联书店，2008，第 47 页 .

[4] 徐复观 . 论文化（一）[M]. 北京：九州出版社，2016，第 142 页 .

[5] [日] 柳宗悦 . 工艺文化 [M]. 徐艺乙，译 . 桂林: 广西师范大学出版社，2006，第 143 页 .

[6] [日] 花森安治 . 人与物——花森安治 [M]. 王玥，译 . 北京：新星出版社，2018，第 56 页 .

[7] [美] 丹尼斯·J. 斯波勒 . 感知艺术 [M]. 史梦阳，译 . 北京：中信出版集团，2016，第 40 页 .

[8] [美] 克里斯平·萨特韦尔 . 美的六种命名 [M]. 郑从容，译 . 南京：南京大学出版社，2019，第 105 页 .

[9] [美] 克里斯平·萨特韦尔 . 美的六种命名 [M]. 郑从容，译 . 南京：南京大学出版社，2019，第 134 页 .

[10] [日] 柳宗悦 . 工艺之道 [M]. 徐艺乙，译 . 桂林：广西师范大学出版社，2011，第 125 页 .

[11] [美] 罗伯特·亨利 . 艺术的精神 [M]. 张心童，译 . 杭州：浙江人民美术出版社，2018，第 153 页 .

[12] [日] 柳宗悦 . 工艺之道 [M]. 徐艺乙，译 . 桂林：广西师范大学出版社，2011，第 126 页 .

[13] [美]W.J.T. 米歇尔 . 图像何求？——形象的生命与爱 [M]. 陈永国、高焰，译 . 北京：北京大学出版社，2018，第 41 页 .

[14] [日] 铃木大拙 . 铃木大拙说禅 [M]. 张石，译 . 杭州：浙江大学出版社，2013，第 75 页 .

[15] [日] 铃木大拙 . 铃木大拙说禅 [M]. 张石，译 . 杭州：浙江大学出版社，2013，第 126 页 .

[16] [法] 克里斯托夫·安德烈 . 幸福的艺术 [M]. 司徒双、完永祥、司徒完满，译 . 北京：生活·读书·新知三联书店，2008，第 168 页 .

结　论

对于大多数茶人来说，都会渐老渐熟地玲珑、透彻中国文化传统思想"格物致知"的生活之道，自觉自性地明悟"茶集物境"的生活方式与玩味意义，自然而然会教化与反哺于每位茶人关于生活喜好的物用美心趣境，便也渐行了他们"用物与美心"的生活日常审美行为，始向一种"赏用玩味"的触美境界。尽管这种寻常化的审美行为看似微不足道，实则以小喻大地来启迪、明悟茶人对"物的感知力与美的鉴赏力"的生活泉源之道，从而渐成自我茶事的一种生活器道精神，这也是茶赋予了我们生活玩味意义的一种触美生情方式，更是寄予了我们对生活玩味感知的一种善美乐生的道理。

生活美物虽有千万种的存在可能与表述方式，但其内在感知与外在形式本来就是"仁者见仁、智者见智"的洞察、感悟活动，自然会带有"因人而异"的理解方式与阐释观点。显然，茶与器集成了茶之美"二合一"的生生道法，演绎着茶的滋味与器的赏用构建了生活茶事"用与美"的乐生世界。换言之，茶事之美的生活方式，就是生活之美的叙事意义与赏鉴境界，也就是喝茶人自我玩味的趣境，呈现出风情万种的茶器花样。细细一想，正因茶器花色样式丰富化、潮流化，才完美地传递着中国制瓷文化的生活化、时代化，流变着华夏民族对生活美追求的叙事意义与文明方式，真正意义上走向"品茶赏器"的后人文时代立场与生活价值，获取传统手工艺新生的重要途径。

显然，生活器物之美，需要功用于日常沏茶品饮的事理中，才能实实在在地触碰它的形制大小、弧度方圆、质地粗细、胎体厚薄等形态美感，观赏到它的装饰纹样、釉色花样、泥性肌理等工艺美感，才会日复一日地触用它的亲和力与鉴赏力，并随之渐用、渐美、渐心的生活踏实感，渐成茶人"物美情生"的喜好与习性。城市化进程的演进，加剧了我们远离了"悠然见南山"的田园诗意浪漫的叙事方式，自然而然也会渐远"乡土质朴"的生活物件用意。某种程度上来看，茶事或许就是让我们更加日常、简便、直观地享有"快生慢活"的一种闲情逸致的方式，也是慰藉生活、"触物景生"的有效的补偿方式。那么，手工劳作的茶器花样无疑是现代生活常用物件所包含了一种生活美学化、文化化、艺术化有效补偿价值，赋予物用之美以生活化、手工味、人文性的"天人合一"信仰思想与敬畏精神，焕发出人类内心深处的诗意情怀与自然归属。正因如此，茶之美的滋汁味醇与器用赏玩，在寄予人类一种关于自然、天性的生活美好念生的同时，走向既可雅玩格物又可俗味集物的生活雅俗乐生，从而育美着我们的生活物趣境界与赏识方式，始至"形而上为道、形而下为器"的"道器不二"精神，并生生不息地泉源于生活的幸福圆满意义。事实上，生活日常茶事自觉地教化我们遵从器物美学的"尽用尽美"思想，又反哺我们虔诚于生活美学的"致用利人"观念，律则着茶事物件花样之美的"饰简重意""天巧人工""道法自然"的人工造化思想，达到美善合一的生活物用观，走上茶事"寄物移情"和自我"洗尽尘心"的体验触美过程，圆满静之美的叙事方式与生命意义。虽然光给予了我们去感观、认知有色茶器花样的条件，但黑白釉色富有了生命静寂、萌动之美的无穷想

触美
一
玩用赏器

象，带给我们对美的一种单纯、素净、恬静，享有自然、清醒的"静之美"，道生"物心美念"之境。无论是茶之美的浮光片影，还是茶之趣的津津乐道，一定程度上都是丰富又丰满了我们一往情深的寻求"心与物"之若即若离的美境。与此同时，也激活了喝茶人对物用美生的生活精善意义与修炼方式，终向生活茶事器用花样的"物与我"心诚相待，持有平常之心去享有最高级、高贵、高尚的生活美事，或许这才是美的真正善意与道法。

总而言之，茶之美的物式花样，会不断地自觉教化我们如何以精善的生活方式去启悟"美"的若干意义，获取自我触物美心的茶境。

后　记

　　身为一位玩泥制器的茶人，日常茶事不只带给了我对茶汁汤色的赏观与茶味醇香的冥想，还渐近了我对沏茶器物的择用与器制工艺的触感，更是令我渐进一种自我静思、阅读、明理的最佳状态。或许对于我而言，最大的兴趣点是创作陶艺作品，而书写更多思考自己何去何从的生活理想与人生感悟。恰恰是日常茶事渐行着我近些年感悟于生活茶器的种种花样与茶人喜好的种种趣境，学会分析、推理、归纳一些对器物美学的己见，日积月累地去做些关于茶碗、茶壶的实践与理论探究，从中慢慢地明悟些生活茶事之美的道理。2020年开始，个人开始着手写些关于当下生活日常茶事美器类的文章，尤其是2021年正式出版著书《茶颜器式》的同时，和全国零基础的茶艺师从陶瓷茶器的角度来谈论工艺美学相关的茶器知识，在此期间，我关注到这些茶艺师所择用的茶器花样特点，这也是最有现实生活意义的田野调查样态：一是迎合时代美学的造物工艺流变特点，二是符合茶人趣境的物件美学特征，来研判当下生活茶器的潮流始向与生活语境的文心艺脉。诚然，在此研究基础上，着手于各类窑口产制的茶器工艺样式，立足生活物用触摸的茶事美心，来论述"器用于生活"的美学意义与人文叙事，拾掇些个人对美的鉴赏与感知。

　　对于不擅长写作的我，需要有大量时间独自待在工作室喝茶、清醒、思考，保持书写的亢奋状态和逻辑思维。当然，能有自我空闲、清静的生活时间，特别要感恩妻子齐霞料理家务、照看孩子，减少了自己操劳繁杂琐事，保持着静思、独写的佳境。正式出版的一本书，自然是费心、费时、费钱的差事，此书的出版过程，顺利得到学校的经费资助，感谢校领导的支持与关心，尤其是感谢周海歌老师鼎力推荐给江苏凤凰美术出版社，在此书编辑校对、版式设计过程中，由衷感谢出版社编辑王左佐。另外，感谢我的研究生郭秋玥认真校正文稿字句，还有感谢一路帮助我的老师、朋友，才会有我现在的生活状态与出书心愿。

怀希

写于 2022 年秋分

触美

一

玩用赏器

图书在版编目（CIP）数据

触美：玩用赏器 / 袁乐辉著. -- 南京：江苏凤凰
美术出版社，2022.11
ISBN 978-7-5741-0290-3

Ⅰ.①触… Ⅱ.①袁… Ⅲ.①茶具—鉴赏—中国
Ⅳ.①TS972.23

中国版本图书馆CIP数据核字(2022)第208569号

责任编辑　王左佐
责任校对　韩　冰
书籍设计　焦莽莽
责任监印　唐　虎

书　　名	触美：玩用赏器	
著　　者	袁乐辉	
出版发行	江苏凤凰美术出版社（南京市湖南路1号　邮编：210009）	
印　　刷	浙江海虹彩色印务有限公司	
开　　本	787mm×1092mm　1/32	
印　　张	10.5	
字　　数	220千字	
版　　次	2022年11月第1版　2022年11月第1次印刷	
标准书号	ISBN 978-7-5741-0290-3	
定　　价	98.00元	

营销部电话　025-68155792　营销部地址　南京市湖南路1号
江苏凤凰美术出版社图书凡印装错误可向承印厂调换